National
Competency
Standards

NCS 기반

응용
헤어펌

김영래 겸임교수
서정대학교 뷰티아트과

현경화 교수
서정대학교 뷰티아트과 학과장

김교숙 교수
대한민국 미용명장
서정대학교 뷰티아트과

박은준 교수
서경대학교 헤어디자인 학과

전근옥
서경대학원 미용학박사
대한민국 이·미용장

한민경 겸임교수
부천대학교 뷰티케어과

김경은 겸임교수
서정대학교 뷰티아트과

양복수
경희대학교 사회복지학 석사
미용그룹YBS 대표

송은나
대한민국 미용장
송은나헤어나라 대표

NCS기반 **응용 헤어펌**

초판인쇄 | 2021년 8월 23일
초판발행 | 2021년 8월 31일

저 자 | 김영래, 현경화, 김교숙. 박은준, 전근옥, 한민경, 김경은, 양복수, 송은나
발 행 인 | 조규백
발 행 처 | 도서출판 구민사
(07293) 서울시 영등포구 문래북로 116, 604호(문래동 3가 46, 트리플렉스)
전 화 | (02) 701-7421~2
팩 스 | (02) 3273-9642
홈페이지 | www.kuhminsa.co.kr
신고번호 | 제 2012-000055호(1980년 2월 4일)

I S B N | 979-11-5813-942-1(93590)
정 가 | 19,000원

PREFACE

최근 우리나라의 모든 기술직종에서 국가직무 능력표준 NCS(National Competency Standards)을 제정하여 산업현장에서 성공적이고도 효율적인 직무수행 능력을 갖추도록 필요한 지식과 기술, 소양 등을 체계화하여 기술 및 학습 교육의 표준화를 이루었습니다.

본 교재는 NCS 능력 단위의 수행 준거로 해당 지식과 기술을 습득하여 직무수행에 필요한 기술적 사고력과 문제 해결력을 토대로 작업을 수행할 수 있는 기본서로 실습 사진을 촬영, 수록하여 쉽게 이해하도록 하였고 최근 개정된 법령 수록과 출제된 기출문제를 수집 수록하여 문제의 해설을 통해 쉽게 학습할 수 있도록 하였고, 중요 핵심 이론을 체계적으로 요약 정리하여 출제 가능한 문제를 실전시험에 대비할 수 있도록 집필하였습니다.

미용 분야의 새로운 학습 모듈이 제시되는 시대에 따른 변화에 유용한 지침서가 되길 바라며, 편집 디자인에서 출판에 이르기까지 애써주신 도서출판 구민사 조규백 대표님, 나영균 전무님, 주은혜 차장님, 그 외 임직원 여러분께 진심으로 감사의 말씀을 드립니다.

저자일동

CONTENTS

CHAPTER 01 퍼머넌트 이론

1. 퍼머넌트 웨이브의 정의 및 목적 ······ 11
   1) 퍼머넌트 웨이브의 정의 ······ 11
   2) 퍼머넌트 웨이브의 목적 ······ 11

2. 퍼머넌트 웨이브의 역사 ······ 11
   1) 서양 퍼머넌트 웨이브의 역사 ······ 11
   2) 우리나라 퍼머넌트 웨이브의 역사 ······ 13

3. 모발의 생리 ······ 14
   1) 모발의 발생 ······ 14
   2) 모발의 구조 ······ 15
   3) 모발의 성장주기(Hair Cycle) ······ 20
   4) 모발의 기능 ······ 22
   5) 모발의 종류 ······ 22

4. 모발의 성질 ······ 24
   1) 모발의 물리적 특성 ······ 24
   2) 모발의 화학적 성질 ······ 26

5. 모발의 화학적 결합 ······ 30
   1) 모발의 결합 ······ 30

6. 퍼머넌트 웨이브와 개요 ······ 32

1) 퍼머넌트 웨이브의 원리 ······ 32

7. 퍼머넌트 웨이브제의 구성성분 ······ 34

1) 제1제 ······ 34

2) 제2제 ······ 36

8. 퍼머넌트 웨이브 시술 도구 및 장비 ······ 37

9. 퍼머넌트 웨이브 시술 제품 ······ 39

1) 샴푸제 ······ 39

2) 퍼머넌트 웨이브제 ······ 39

3) 트리트먼트제 ······ 39

10. 퍼머넌트 웨이브 실제 ······ 40

1) 두상 포인트 명칭 ······ 40

2) 와인딩 ······ 41

11. 시술 각도 ······ 43

1) 온 베이스(On Base) ······ 43

2) 하프 오프 베이스(Half-off-Base) ······ 43

3) 오프 베이스(Off Base) ······ 44

12. 엔드 페이퍼(End Paper) ······ 44

1) 싱글 엔드 페이퍼(Single End Paper) ······ 44

2) 북 엔드 페이퍼(Book End Paper) ······ 45

3) 쿠션 엔드 페이퍼(Cushion End Paper) ······ 45

4) 두 겹 와인딩 하기(Double - paper technique) ······ 45

CONTENTS

13. 밴딩(Banding) ········ 46

1) 십일자형 밴딩 ········ 46

2) 엑스자형 밴딩 ········ 46

3) 십일자 엑스자형 밴딩 ········ 47

14. 와인딩 기법 ········ 48

1) 크로키놀식 와인딩 기법(Croquignole Winding) ········ 48

2) 스파이럴식 와인딩 기법(Spiral Winding) ········ 48

15. 퍼머넌트 웨이브의 방법 ········ 49

1) 전처리 과정 ········ 49

2) 퍼머넌트 시술 과정 ········ 49

3) 퍼머넌트 시술 후처리 과정 ········ 49

16. 얼굴형에 따른 헤어펌 스타일 분류 ········ 50

1) 방향에 의한 시각적 효과 ········ 50

2) 얼굴형에 따른 헤어펌 디자인 ········ 51

제1회 실전 모의고사 ········ 56

제1회 실전 모의고사 정답 ········ 61

제2회 실전 모의고사 ········ 62

제2회실전 모의고사 정답 ········ 67

CHAPTER 02

실기편

1. 매직스트레이트 헤어펌 69

1) 준비물 69

2) 매직스트레이트 헤어펌 실기 71

2. 볼륨매직 헤어펌 80

1) 준비물 80

2) 볼륨 매직 헤어펌 실기 82

3. 투 블록 아이론펌 91

1) 준비물 91

3) 투 블록 아이론펌 실기 93

4. 디지털 헤어펌 102

1) 준비물 102

2) 디지털 헤어펌 실기 104

CONTENTS

5. 듀얼 세팅펌 114

1) 준비물 114

2) 듀얼 세팅펌 실기 116

6. 다운 프로젝션 직펌 125

1) 준비물 125

2) 다운 프로젝션 직펌 실기 127

7. 업 프로젝션 세팅펌 134

1) 준비물 134

2) 업 프로젝션 세팅펌 136

8. 디스커넥션 쇼트펌 145

1) 준비물 145

2) 디스커넥션 쇼트펌 실기 147

9. 어쉬메틱&드라이펌 155

1) 준비물 155

2) 어쉬메틱&드라이펌 실기 157

10. 스파이럴&트위스트펌 ········ 165
1) 준비물 ········ 165
2) 스파이럴 & 트위스트펌 실기 ········ 167

11. 수직 & 더블 와인딩펌 ········ 176
1) 준비물 ········ 176
2) 수직 & 더블와인딩 펌 실기 ········ 178

12. 직사각형 패턴 & 리프트컬펌 ········ 188
1) 준비물 ········ 188
2) 직사각형 패턴 & 리프트컬펌 실기 ········ 190

13. 확장패턴 & 오블롱펌 ········ 199
1) 준비물 ········ 199
2) 확장패턴 & 오블롱펌 실기 ········ 201

APPLICATION HAIR PERM

N C S 기 반 **응 용 헤 어 펌**

CHAPTER

01

퍼머넌트 이론

1 퍼머넌트 웨이브의 정의 및 목적

1) 퍼머넌트 웨이브의 정의

· permanent : 영속하는, (반) 영구적인
퍼머넌트 웨이브는 자연 상태의 모발에 물리적, 화학적 방법으로 환원, 산화 반응을 일으켜 모발결합의 구조를 변화시켜 그 형태를 오랫동안 지속하게 하는 것이다.

2) 퍼머넌트 웨이브의 목적

퍼머넌트 웨이브는 세트형을 만들기 쉽도록 볼륨, 방향성, 컬 웨이브에 의해서 헤어 스타일을 오래 유지하는 데 목적이 있다.

- 헤어 스타일 유행의 변화
- 두상의 모양과 얼굴형의 단점을 보완하기 위해서
- 모류의 방향성을 주기 위해서
- 헤어 스타일의 볼륨, 무게감, 질감을 표현하기 위해서
- 커트 후 머리 스타일 손질을 쉽게 하기 위해서
- 부드럽고 숱이 적은 모발에 볼륨과 힘을 주기 위해서

2 퍼머넌트 웨이브의 역사

1) 서양 퍼머넌트 웨이브의 역사

(1) 고대(이집트, 그리스, 로마)

퍼머넌트 웨이브의 역사는 B.C 3000년경 이집트인들이 나일강 유역의 알칼리 토양 진흙을 모발에 바른 후 나무 봉에 감아 태양열에 건조시켜 웨이브를 만든 것이 기원이 되었다.
그리스, 로마 시대에는 불로 데운 철 막대기를 이용하여 웨이브를 만들었다. 이것은 모발 내 단백질 구조를 물과 수소, 산소 등을 이용하여 변성시킨 것이다.

(2) 근대 19세기

- 19세기경에는 석유 램프를 이용하여 열을 가해 모발에 웨이브를 만들었다는 기록이 있다.
- 1875년 프랑스의 마셀 그라또(Marcel Grateau)가 아이론(Iron)을 발명하여 새로운 스타일의 유행을 만들었으

며 이것이 퍼머넌트 웨이브의 창안에 큰 영향을 미쳤다.

- 1905년 영국 런던 사교계의 유명한 독일 태생의 미용사였던 찰스 네슬러(Charles Nessler)가 붕사와 같은 알칼리 수용액을 적신 모발을 막대에 감아 전기를 이용해 열을 가하여 지속력 있는 웨이브를 만들어 내는 데 성공하였다.

  이후에 가열기구가 개량되었으며 붕사 대신 암모니아와 탄산암모늄이 이용되었다. 이는 알칼리와 열을 이용한 히트 퍼머넌트 웨이브(Heat Permanent Wave)라고 하였다.

  이 방법은 긴 머리에만 시술이 가능한 스파이럴식(나선형) 와인딩(Spiral Winding) 기법이다.
- 1925년 죠셉 메이어(Joseph Mayer)가 모발 끝에서 모근 쪽으로 와인딩하는 크로키놀식 와인딩(Croquignole Winding) 기법을 고안하여 짧은 모발에도 시술할 수 있게 되었다.
- 1927년에 독일의 웰라(Wella)사가 105°C~110°C로 가열하여 웨이브를 만드는 기구인 핫 웨이빙(Hot Waving)기구를 개발하였다.
- 1936년에 영국의 아스트버리(Astbury) 스피크만(J.B.Speakman)이 아황산 수소 나트륨을 화학반응에서 얻어지는 40°C 전후의 반응열을 이용한 콜드 퍼머넌트 웨이브(Cold Permanent Wave)제를 만들어내었다.

  이것을 콜드 퍼머넌트 웨이브(Cold Permanent Wave)라고 하였고 높은 열을 사용하지 않는 일반 펌제의 시초라고 할 수 있다.
- 1940년 이후 케라틴(Keratin)의 화학구조가 해명되면서 시스틴 결합(Cystine Bond) 을 절단할 수 있는 연구가 계속되면서 1941년 미국의 맥도노프(Mcdonugh)가 티오글리콜산을 주원료로 콜드 퍼머넌트 웨이브(Cold Permanent Wave)제를 만들어 내는 데 성공하였다.
- 1950년대 이후부터는 콜드 퍼머넌트 웨이브가 대중화되면서 현재에까지 이르고 있으며 1970년 커트 스타일의 붐이 불면서 퍼머넌트 웨이브의 기법도 많은 변화를 보였고 1980년대부터 퍼머넌트 웨이브(Permanent Wave)의 전성시대가 되었고 현재까지 많은 발전을 하고 있다.

2) 우리나라 퍼머넌트 웨이브의 역사

경성미용원을 비롯하여 1930년 이전의 미용실은 대개 한일합방 이후 일본인이 국내에 들어와 경영하던 미용실만이 있었을 뿐이다.

서울에 처음 생겨난 한국인 미용실로는 1933년 일본에서 유학 생활을 끝내고 돌아온 오엽주 선생이 3월 15일 우리나라 최초로 한국인이 운영하는 화신 미용부를 종로 사거리에 위치한 화신 백화점 2층에 개설하였다. 오엽주 선생은 일본에서 배워온 퍼머넌트 웨이브 위주의 미용기술을 이용하여 미용실을 개업, 영업을 하였다. 미장원(미용실)을 홍보하기 위해 모든 직원들을 퍼머넌트 웨이브를 하게 한 다음, 그 사진을 엽서로 만들어 사용하였고 오엽주 미장원(미용실)이 영업을 시작하면서 퍼머넌트 웨이브가 급속도로 유행하였다고 한다. 당시 퍼머넌트 웨이브 시술 가격이 쌀 2~3가마(1가마 80kg)에 달하는 비싼 가격으로 고객들은 주로 화류계 여성들과 특권층 여성들이었다.

※ 역사적인 근거로 호칭이 다양하게 사용되었으나 현재는 헤어살롱, 미용실로 통용되고 있다.

- 최초의 우리나라 미용실 : 1933년 오엽주님의 화신미용실이다.
- 최초의 퍼머넌트 웨이브 : 1937년 영화배우 이월화이다.
- 최초의 퍼머넌트 웨이브 가격 : 5~6원으로 지금으로 환산하면 쌀 두 가마니 정도의 비싼 가격이었다.
- 최초의 퍼머넌트 웨이브 스타일 : 아이론으로 부드럽게 곱슬거리는 느낌을 주는 정도였다.
- 1940년대 초 : 서양의 퇴폐 풍조라며 사치품 금지령에 의해 퍼머넌트가 금지되었다.
- 1950년대 : 숯 펌 등장, 숯을 얹어 머리에 열을 가하는 방식으로 숯으로 펌 집게를 데워 은박지를 대고 머리에 꽂는 방식이었다.
- 1970년대 : 커트의 전성기였지만 중반 이후 일명 바람머리(바깥으로 뻗치는 퍼머넌트 헤어스타일)가 선풍적으로 인기를 끌었다.
- 1980년대 : 우리나라에서 퍼머넌트 웨이브가 전성기였다. 머리카락 길이가 길든 짧든 웨이브(Wave)가 유행하였다.
- 1990년대 : 스트레이트 헤어펌 등장한다. 이때쯤부터는 특별히 오랜 기간 유행하는 스타일이 없었고 대중매체의 발전으로 인해 여러 가지 스타일이 돌아가며 유행되었다.
- 1999년 : 매직 스트레이트 헤어펌이 등장하였다.
- 2000년대 : 열펌의 전성기가 되었다. 아이론펌은 물론 세팅펌, 디지털펌 등 다양한 열펌이 개발되어 활성화되고 있다.

3 모발의 생리

1) 모발의 발생

모발은 사람 몸에 난 털의 총칭이며 피지선, 한선과 함께 피부 표면에 생기는 것으로 모체의 태내에서부터 발생된다. 임신 초기인 7~8주가 되면 모발은 표피에 생기게 되고 12~14주 경이면 자라기 시작하여 출생과 함께 형성된다.

모발의 성질은 태내에서 이미 결정되고 출산 후에는 새로운 모발 기관의 형성이 일어나지 않기 때문에 출생 후 모발 수는 증가하지 않는다. 태아의 피부 표면에 생긴 모모 세포는 피부 내에 모낭을 형성하는데 이 모낭은 피부의 부속기관인 표피세포로부터 만들어진다.

모낭의 제일 아랫부분에 있는 모유두는 모발이 만들어지는 곳이다. 모유두는 모세혈관과 자율신경이 연결되어 있고, 모세혈관은 모발의 원료가 되는 아미노산의 수송경로이다. 아미노산은 모유두에서 자율신경의 명령에 따라 단백질을 합성해 케라틴 단백질을 만들고 케라틴 단백질이 커질수록 모모 세포는 성장하고 분열을 한다. 모발은 세포가 각화 현상을 일으킬 때 만들어지면서 한 가닥의 모발이 된다. 분열과 각화가 계속되면서 위로 밀려 올라가 모표피, 모피질, 모수질로 구성된다.

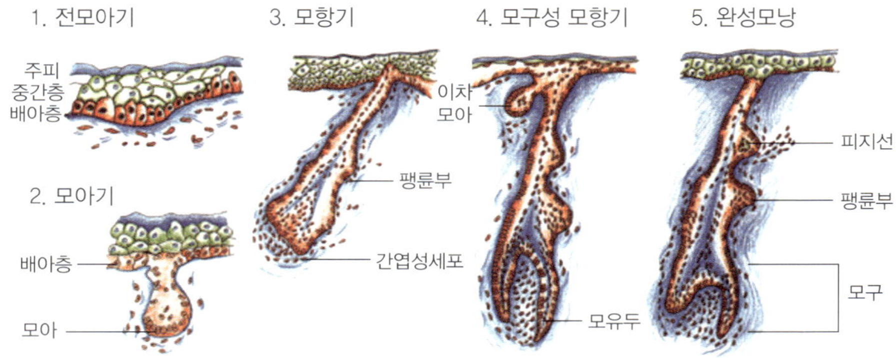

2) 모발의 구조

모발은 인체의 피부 부속기관으로 표피 외부로 나와 있는 모간부와 진피에 자리 잡고 있는 모근브로 구분되며 모발은 모낭 내에서 만들어진다. 모근 아래쪽에 전구 모양을 하고 있는 부분을 모구라고 하며 모구의 하반부 중심에는 모유두가 있고 이를 둘러싸고 있는 부위를 모모라고 한다.

모모는 세포분열이 일어나 털이 생겨나는 모체가 되는 곳으로 모발 성장에 중요한 역할을 한다. 분열된 세포가 성장하여 분화된 조직이 되고 다시 피부 표면으로 이행함에 따라 각화된 제일 안쪽이 모발을 이룬다.

모발은 중심으로부터 모수질, 모피질, 모표피의 세 가지로 구성되어 있다.

이 털을 싸고 있는 것이 내모근초이고 그 바깥쪽에는 표피의 연장인 외모근초가 있다. 두피에 모낭 수는 평균 10만~15만 개로 일생동안 각 모발은 20~25번의 사이클을 반복한다.

(1) 모근부의 구조

일반적으로 두피에는 피부의 다른 부위에 비해 모낭과 피지선이 많이 존재하며 성장기의 모근은 모구부 부분이 팽창된 상태로 모유두가 진피와 피하조직이 만나는 위치까지 존재하지만, 퇴화기를 거쳐 휴지기로 접어들면서 모구부가 수축하여 모근의 위치가 진피층 상부까지 올라온다.

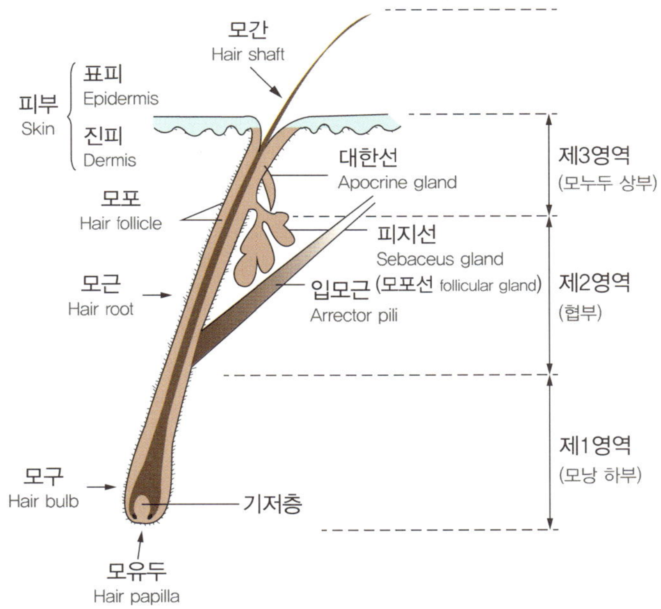

① **모구**(hair bulb)

모근 아랫부분에 전구 모양처럼 생긴 부분으로 모발이 생성하고 성장하는 장소로 아랫부분은 움푹 파여 있으며 진피 세포층에서 나온 모유두와 맞물려 있고 모질 세포와 멜라닌세포로 구성된다.

② **모낭**(hair follicle)

모낭은 모발을 둘러싸고 있는 주머니 모양으로 표피 세포들이 진피 쪽으로 밀려 내려와서 진피 안쪽에 자리하고 있으며 모유두를 감싸고 있다.

③ **모유두**(hair papilla)

모구 밑 부분에 유두 모양으로 함몰된 부분으로 보발의 생성과 발육에 중요한 역할을 한다.

결합성 모낭과 간엽세포로 구성되어 있으며 모발 굵기에 관여하고 모유두 주변에는 모세혈관과 자율신경이 연결되어 있으며 모세혈관으로 영양분을 공급받아 모모세포에 전달하는 기능을 한다.

④ **모모세포**(hair matrix)

모구부의 끝부분에 있으며 모유두와 접하고 있다.

모유두로부터 공급받은 영양분으로 세포분열을 일으키는 곳이다.

모모세포의 분열을 통하여 모표피(cuticle), 모피질(cortex), 모수질(medulla), 모낭(hair follicle)이 결정되는 곳이다.

모모세포는 케라틴 단백질 합성 세포인 케라티노사이트(keratinocyte)와 모발의 색을 나타내는 멜라노사이트(melancxyte)로 이루어져 있다.

세포들은 성장기에 활발히 세포분열을 통하여 모발을 생성하게 된다.

⑤ **피지선**(sebaceous gland)

피지선에서 분비되어 형성된 피지 막은 수분 증발을 억제하고, 살균작용과 유화작용뿐만 아니라 윤택함과 유연성을 준다.

모낭 측면에 위치하고 있으며 피지를 분비하여 두피와 모발에 윤기와 부드러움을 주고 표면을 보호해 준다.

피지선은 손, 발바닥, 입술, 남성 귀두, 여성 음핵을 제외한 거의 모든 전신 피부에 분포하고 있다.

피지의 분비는 신체 부위나 인종, 식습관, 나이, 호르몬, 환경적인 요인에 따라 차이가 있으며 하루 평균 1~2g 정도를 분비한다.

⑥ **입모근**(airector pili muscle)

'기모근'이라고도 하며, 급격한 온도변화가 있거나 공포로 인해 근육이 수축하면서 피부 표면에 소름을 일으켜 털을 곤두서게 하는 역할을 한다.

⑦ **모세혈관**(capillary vessel)

모구의 아랫부분에 분포하는 모세혈관은 소화기관으로부터 흡수한 영양분과 산소를 모발생성기관인 모유두에 전달하고 인체에 있는 노폐물을 운반하는 역할을 한다.

⑧ **자율신경**(autonomic neive)

자율신경은 모유두로부터 공급받은 영양분을 모모세포로 분열하여 모발을 생성하도록 명령을 전달하는 역할을 한다.

⑨ **내·외모근초**(inner root sheath, out root sheath)

모낭을 감싸고 있는 부분으로 안쪽의 내모근초와 바깥 부분의 외모근초로 나누어지며 모구부의 세포분열에 의해 생성된다.

내·외모근초가 모발을 보호하고 표피까지 운반된 후 각질화된다.

⑪ **한선**(sweat gland)

땀이나 노폐물과 같은 분비물을 체외로 배출시키는 기관으로 신체의 체온을 조절하고 피지와 함께 피지 막을 형성하여 피부를 보호해 주며 신체 내 노폐물과 독소를 제거하는 역할을 한다.

한선은 아포크린(apocrine)선과 에크린(ecrine)선의 두 종류가 있다.

아포크린선은 단백질, 탄수화물을 함유하고 있으며 무취 무균성의 땀이 배출된 후 알칼리성으로 산화되면 특유의 냄새를 가진다.

에크린선은 입술, 음부를 제외하고 전신에 분포되어 있으며 손바닥이나 발바닥에 많이 분포되어 있다.

(2) 모간부의 구조

피부 밖으로 나온 모발로 세포분열에 의해 각화된 케라틴 단백질로 이루어져 있다.

모낭의 표피세포가 기저층에서 생성되어 서서히 위로 이동하여 표피의 상층이 되며, 모유두 주위의 세포가 분열·증식하여 서서히 모발 세포로 만들어짐으로 밑에서부터 위로 밀려 피부 밖으로 올라오는 것을 "모발이 성장한다"라고 표현한다.

모발의 모간부는 인종과 성별에 따라 외모에 영향을 미치고 외부 자극으로 신체를 보호하며 체온을 유지하는 기능을 한다.

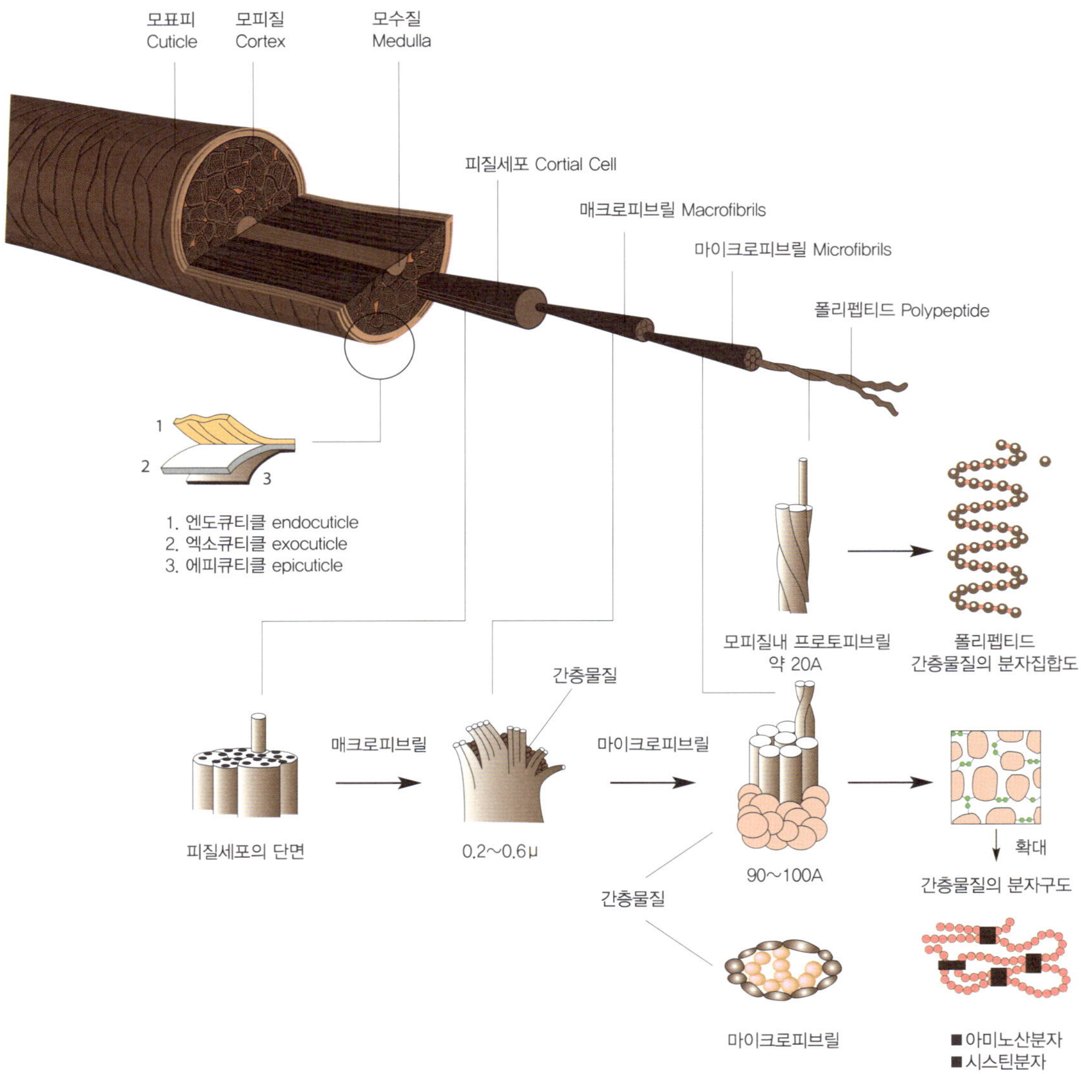

① 모표피

평형 무핵의 투명한 세포로 모발의 10~15%를 차지하는 모표피(cuticle)는 모발의 가장 바깥층으로 케라틴이라는 경단백질로 구성된다. 인종과 개인에 따라 5~15개의 층으로 일정한 모양을 이루고 있으며, 물고기의 비늘처럼 겹으로 이루어져 있다.

건강 모는 층의 상태가 규칙적으로 겹쳐져 있으므로 광택이 있고 단단해 보이며, 외부의 자극에도 손상을 적게 받게 된다.

모표피는 외부의 자극으로부터 모피질을 보호하고 수분 증발을 억제하는 역할을 한다. 모표피 1개의 층은 에피 큐티클, 엑소 큐티클, 엔도 큐티클의 3개의 겹으로 이루어져 있으며 0.1 ~ 0.2mm의 두께로 되어 있다.

- 에피 큐티클 : 모표피의 가장 외측의 견고하게 결합되어 있으며, 화학적 작용에는 강하나 물리적 작용에는 약한 친유성이다.
- 엑소 큐티클 : 시스틴이 많이 함유되어 있고 펌제와 같은 시스틴 결합을 절단하는 화학성분의 작용을 받기 쉽다.
- 엔도 큐티클 : 가장 안쪽에 있는 층으로 친수성이며, 단백질 침식성의 알칼리성 용액에는 약하다.

② 모피질

모발의 85~90%를 차지하는 피질층(cortex)은 모발의 질을 좌우하는 중요한 부분으로 친수성이며 부드러운 단백질인 케라틴으로 구성되어 있다. 펌 시술 시에는 화학적 결합에서 큰 작용을 하는 부분으로 수분 유지와 탄력에 영향을 미치며, 멜라닌 색소를 함유하고 있어 모발 색상에도 영향을 준다.

모피질은 피질세포와 세포간 결합물질로 구성되어 있다.

모피질은 폴리펩타이드(polypeptide) 세 개가 꼬여 있는 프로토 피브릴(proto fibril) 11개가 마이크로 피브릴(micro fibril)을 구성하고, 이 마이크로 피브릴이 모여 만드는 매크로 피브릴(macro fibril)이라는 거대섬유와 이들을 둘러싸고 있는 간충물질로 구성된다.

이 과정이 형성되면 모발의 피질이 형성되고 케라틴 체인은 모발을 팽팽하게 잡아 늘일 때 스프링처럼 끊어지지 않고 늘어나는 성질을 갖게 된다.

③ 간충물질

간충물질은 수소결합이 약하여 유연하고 화학반응으로 손상되기 쉬운 곳으로 피질세포 사이를 연결시켜 주며 모발의 탄력성을 결정한다.

모발의 영양 성분인 간충물질의 양에 따라 모발의 성질이나 질감이 다르게 나타난다.

모발에 적당한 수분과 탄력을 유지시켜 주는 역할 외에도 탄력 있는 퍼머넌트 웨이브의 형성이나 헤어컬러 색상의 지속적인 채색 효과도 있다.

세포막 복합제(CMC-Cell Menabrane Complex)

- 단백질과 지질을 포함하고 있는 단위 세포막으로 표피와 표피 사이 피질간 세포 사이에서 접착제 역할을 한다.
- 모피질 내의 수분이나 단백질의 용출을 막고 외부로부터의 이물질의 침입을 막는다.

④ 모수질

모발의 중심부인 모수질(medulla)은 내부에 공기를 함유하고 있으며 보온작용을 하고 추운 지방에 서식하는 동물의 털이나 두꺼운 모발에서 많이 나타난다. 모수질층은 아주 가는 모발(연모)에는 존재하지 않으며 굵은 모발(경모)에만 존재한다.

3) 모발의 성장주기(Hair Cycle)

모발의 성장 과정은 피부의 표피가 안으로 함몰되면서 모낭이 형성되고 형성된 모낭의 활동주기에 따라 성장기, 퇴화기, 휴지기, 발생기의 과정을 거치게 된다.

두피에서 모발은 3~6년의 성장기와 3~4주의 퇴화기를 거쳐 3~4개월의 휴지기가 지나서 빠지게 되고 이들 주변에 새로운 모낭이 형성되어 대치된다.

(1) 성장기(Anagen)

성장기 모발의 수명은 남녀에 차이가 있고 음식물, 호르몬, 비타민 등의 영향에 의해 변화될 수 있다. 성장기에는 모발 상피가 모유두를 둘러쌈으로 보다 활발한 영향력을 모유두로부터 받게 된다. 혈관계에 직접 연결되어 있는 모유두를 통해 성장에 필요한 산소 및 영양분을 받아 세포분열이 일어나게 된다. 건강한 모발은 하루에 0.3~0.4mm 정도 성장하며. 한 달에 l~1.2cm 정도 성장한다. 모발의 성장주기 중 80~90%가 성장기에 해당되며 개인의 연령, 건강상태, 유전인자, 음식물, 약물, 생활환경, 호르몬 등에 의해 변화될 수 있다.

(2) 퇴화기(Catagen)

퇴화기는 모모세포층의 세포분열이 쇠퇴해지는 시기로 모유두와 모구부가 분리되고 모낭이 수축되는 단계이다. 전체 모발 수의 1% 정도 차지하며 약 3~4주 정도로 바로 휴지기로 넘어가게 된다.

(3) 휴지기(Telogen)

퇴화기를 거친 모발이 세포분열을 멈추고 모낭과 모유두가 완전히 분리되는 시기로 어느 정도 시간이 지나면 자연스럽게 모발이 빠진다. 휴지기가 지나면 같은 모낭에서 또 다른 새로운 모발이 자라기 시작한다.

휴지기는 전체 모발의 14~15%에 해당되며 3~4개월 지속되면서 새로운 모발이 위로 밀려 올라가고, 퇴화기 모발은 자연히 빠지게 된다.

(4) 발생기(New Anagen)

생성기는 모발의 모근부와 결합되어 세포분열이 다시 왕성해지며 새로 발생된 모발이 성장하는 시기다. 한 모낭 안에 서로 다른 주기의 모발이 공존하며 휴지기의 모발 탈락을 유도한다. 발생기는 거인적 질병이나 유전 체질 및 연령 등에 따라 차이를 보인다.

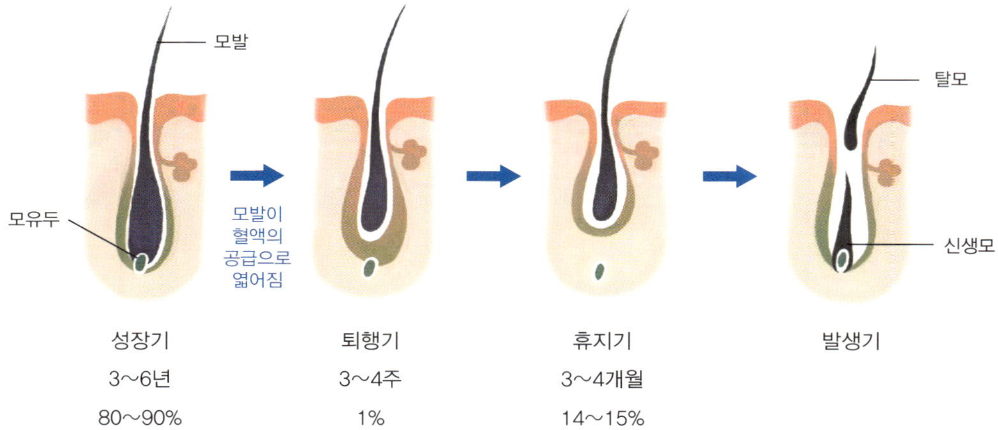

헤어 사이클 (hair cycle)

발생 부위와 모주기

모발수명	남성 3~5년 여성 4~6년
수염	2~3년
액와모	1~2년
음모	1~2년
눈썹	4~5개월
속눈썹	3~4개월
연모	2~4개월

발생 부위와 성장 속도

	1일성장(mm)	1개월성장(mm)
모발	0.38	11.4
수염	0.35~0.40	10.5~12.0
액와모	0.23	6.9
음모	0.20	6.0
눈썹	0.18	5.4
속눈썹	0.18	5.4

4) 모발의 기능

(1) 보호, 보온기능

모발은 우리 몸의 체온을 일정하게 유지하기 위해서 옷을 입듯이 체온 유지와 충격을 받을 때 쿠션 역할과 직사광선 및 마찰 등 외부의 자극으로부터 인체를 보호하는 역할을 한다.

(2) 감각기능

모근에는 감각 신경이 분포되어 있어 어떠한 자극을 받게 되면 바로 반응을 할 수 있게 된다.

(3) 배출기능

환경 오염물질로 수은이나 납 등 중금속이 다양한 경로를 통해서 체내에 흡수된 유해 물질을 체외로 배출시키는 작용을 한다.

(4) 장식기능

자신의 개성과 아름다움을 표현하기 위한 가장 쉬운 방법으로 모발 색을 바꾸거나 퍼머넌트 웨이브 등 형태의 변화를 주는 장식의 기능이 있다.

5) 모발의 종류

(1) 모질에 따른 모발의 형상

모발은 유전성이 강하며 직모, 파상모, 축모 등 형태에 따라 특성이 있다. 모발의 형태별 구분은 모모세포 및 모낭세포의 케라틴 단백질 합성의 속도 차이에 의해 나타나는 것으로, 유전자(DNA)에 의해 좌우된다.
하나의 모낭 안에 존재하는 모모세포 및 모낭세포의 세포분열 속도 차이에 따라 모발 및 모낭의 웨이브 형태가 결정된다.

① **직모**(Straight hair)

모발의 단면이 원형을 나타내고 있는 것이 특징이며, 이러한 현상은 세포분열의 속도가 동일한 속도로 진행되어 나타나기 때문이다.

② **파상모**(Curly hair)

파상모는 유전적 체질에 의해 나타나며, 직모와 축모의 중간 형태이다. 모발의 단면도가 타원형의 모양으로 모발의 굵기가 가늘고 약간 곱슬머리이며 백인종이 이에 속한다.

③ **축모**(Kinky hair)

흔히 '곱슬머리'라고 부르는 모발의 형태로 유전적인 성향이 강하며, 단면이 파상모에 비해 웨이브가 심한 형태로 흑인종에게서 많이 나타난다.

축모는 직모와 비교하면 모발의 성질이 단단하고 펌이나 염색 등 미용상의 처리가 힘들다.

구분	직모(Straight hair)	파상모(Curly hair)	축모(Kinky hair)
모발			
모낭의 형태			
모발의 횡단면	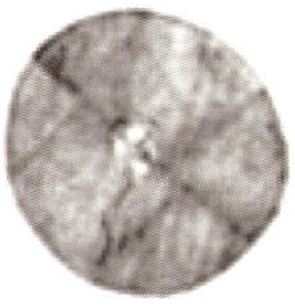		

(2) 굵기에 따른 분류

① **취모**(배냇머리)

취모는 태내에서 생긴 부드러운 털로 모발 색이 연하고 굵기는 0.02mm로 큐티클이 관찰되지 않으며 임신 8개월에 접어들면 점차 연모화된다.

② **연모**(솜털)

피부를 덮고 있는 솜털을 말하며, 0.8mm 이하로 가늘고 짧다. 연모는 색소가 거의 없고 모표피와 모피질이 존재하지만, 모수질은 존재하지 않으며, 출생 후 성장함에 따라 성모로 바뀐다.

③ **경모**(성모)

보통 굵고 긴 털을 의미하며, 0.15~0.20mm 정도로 굵고 긴 모발을 말한다. 경모는 모낭이 생산하는 마지막 털이라 하여 종모하고도 한다. 성인에게서 볼 수 있는 머리카락, 눈썹, 속눈썹, 수염, 겨드랑이털, 생식기 주변에 나는 모든 털은 모두 경모이다.

4 모발의 성질

1) 모발의 물리적 특성

(1) 모발의 광변성

태양광선의 적외선과 자외선은 모발 손상에 영향을 미친다. 특히, 짧은 파장의 자외선에 과도하게 노출되면 시스틴 결합이 변성되거나 감소하여 모표피가 손상된다. 멜라닌 색소를 파괴시켜 모발의 탈색을 유도한다.
이처럼 태양광선에 노출이 심한 사람들이 퍼머넌트 웨이브가 잘 형성되지 않고 쉽게 늘어지는 것은 광변성 때문이다.

(2) 모발의 흡습성

모발의 케라틴 단백질은 친수성이므로 습한 공기 중에서는 수분을 흡수하고 건조한 공기 중에서는 수분을 발산하는 성질인 흡습성을 가지고 있다.
흡습성은 모발 섬유인 고분자와 물분자 간에 물리적 결합에 의한 약한 힘으로 작용하며, 모발의 여러 가지 성분과 헤어디자인 형성과정에서도 중요한 요소로 작용하고 있다.
평상시 모발의 수분 보유함량은 10~15% 내외이며 드라이 건조 시에는 10%, 세발 직후에는 약 30%의 수분을 함유하고 있다. 펌이나 염색 시술 시 흡수성이 고르지 않으면 컬러의 색주가 고르지 않게 나타나며, 펌의 웨이브 형성에도 영향을 미치기 때문에 시술 시 아주 밀접한 관련이 있다.

(3) 모발의 열변성

열이 모발에 미치는 영향은 건열과 습열에 따라 다르다. 건열에서는 외관적으로 120°C 전후에서 팽윤 되고, 130~150°C에서 변색이 시작되어 270~300°C가 되면 타서 분해되기 시작한다. 습열에서는 화학적인 시스틴 감소가 100°C 전후에서 나타나고, 130°C에서는 케라틴 변형이 일어난다.
습도 70%에서는 70°C부터 시작되지만, 습도 97%에서는 60°C에서 시작된다.
모발에 묻어 있는 용제를 충분히 씻어내지 않을 경우 모발은 열변성을 한층 더 강하게 받게 되어 손상을 더욱 유도하게 된다.

건열에 의한 영향	• 130~150°C : 변색 및 시스틴 감소 • 180°C : 케라틴 구조의 변형 • 270~300°C : 타서 분해됨
습열에 의한 영향	• 100°C 전후 : 시스틴 감소 • 130°C : 케라틴 구조의 변형

(4) 모발의 팽윤성

팽윤이란 어떤 물체가 액체를 흡수하여 그 본질을 변화시키지 않고 부피를 증가시키는 현상을 말한다. 모발이 수중에서 팽윤 평형에 도달하는 데까지는 실온에서는 15분 이상, 고온에서는 5분 이내로 거의 팽창에 가까운 팽윤도가 된다.

모발과 퍼머넌트제 반응의 환원 단계에서는 S-S 결합이 감소함과 동시에 팽윤은 증가한다.

(5) 모발의 탄력성

탄력성은 모발에 어떤 힘을 작용하여 형태를 변형시킨 다음 그 힘을 제거했을 때 본래의 모양과 크기로 되돌아가려고 하는 성질을 말한다. 이러한 탄력성은 모발 내의 케라틴의 측쇄결합과 입체구조에 의해 일어난다.

모발은 스프링구조로 이루어져 있기 때문에 탄력성을 갖고 있으며 습윤모의 경우 탄력성이 매우 크다.

모발 상태	수분함량	늘어나는 정도
보통 건조된 모발	10~15%	20~30%
젖은 모발	30%	50~60%
펌액으로 젖은 모발	30%	70% 손상

(6) 모발의 대전성

모발을 브러싱 할 때 마찰에 의해서 모발이 달라붙는 현상을 말하며, 저온에서나 겨울의 건조한 시기에 많은 물체에서도 볼 수 있다. 이런 현상은 모발의 (+)전기와 빗의 (-)전기로 대전하기 때문에 서로 달라붙는다.

대전성은 시술 과정에서 실내온도와 습도 등에서도 영향을 받으며, 모발에 적당한 수분이나 화장품을 사용하면 모발의 대전성을 방지할 수 있다.

(7) 모발의 고착력

고착력은 두피로부터 한 가닥의 모발을 뽑는 데 드는 힘을 말하며, 보통 한 가닥의 모발을 뽑는 데 드는 힘은 50g 정도이다. 모발의 성장주기에 따라 성장기 모발은 50~80g 정도 힘이 들고, 휴지기일 때에는 20g 정도 힘이 든다.

(8) 모발의 강도와 신장도

모발에 힘을 가하여 당기면 점차 늘어나면서 결국 끊기는데 이때 늘어난 신장률을 신도(%)라 하며, 모발에 가해진 하중을 인장강도(g)라고 한다.

보통 건강한 모발은 건조한 상태에서 평균 150g의 강도와 40%의 신도를 가지고 있으며, 젖은 상태에서는 평균 90g의 강도와 50%의 신도를 나타낸다.

2) 모발의 화학적 성질

(1) 모발의 성분

모발은 대부분 80~90%가 단백질로 구성되어 있으며, 그 외 멜라닌 색소(3%)와 지질(1~8%), 미량원소(0.6~1.0%), 수분(10~15%) 등으로 이루어져 있다. 단백질은 가수분해하면 약 20종의 아미노산을 얻을 수 있으며, 모발의 주성분인 케라틴 단백질은 18종류의 아미노산으로 구성되어 있다. 케라틴 단백질은 경 케라틴으로 각 층의 표면이 서로 밀착되어 일정한 형태를 이루고 있어 허물어지지 않는 성질을 가지고 있다.

멜라닌 색소는 인종과 유전적인 영향이 크며, 모근에 산재해 있는 멜라노 사이트 중에서 티로신을 원료로 하여 몇 단계의 산화와 중합을 거쳐 만들어진다.

지질은 피지선에서 분비된 피지와 피질세포 자신이 가지고 있는 지질을 함유하고 있다.

모발의 미량원소 중 백발에는 니켈, 황색 모발에는 티탄산염(titan), 적색에는 철(fe)과 몰리브덴(molybdan), 흑발에는 동, 코발트, 철이 함유되어 있다.

수분은 모발의 유연성, 광택, 통풍, 인장강도, 정전기 등에 영향을 받는다.

모발에는 일반적으로 10~15%의 수분이 함유되어 있다.

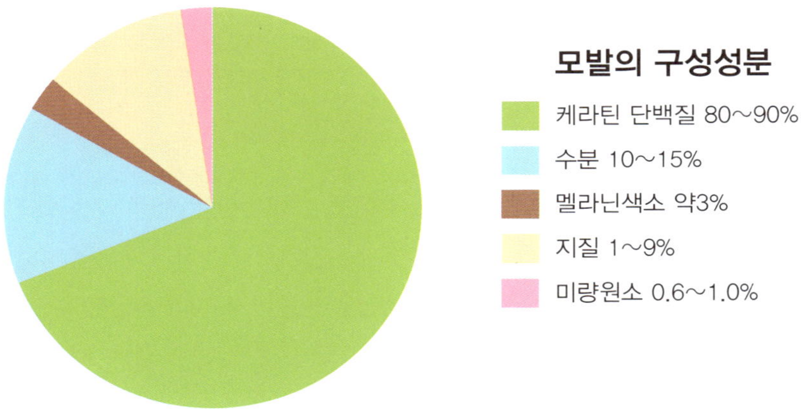

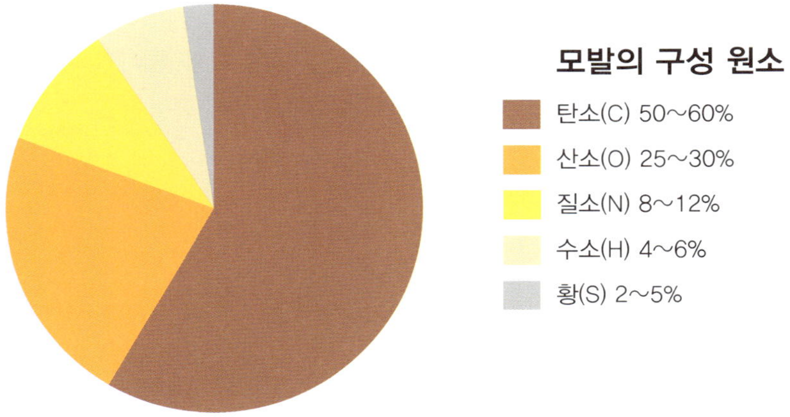

(2) 모발의 등전점

모발을 구성하는 아미노산은 전기적으로 (+)와 (-)의 양쪽의 성질을 가지고 있다. 용액이 알칼리성이면 (-)이온으로 산성이면 (+)이온으로 존재하며 용액이 정성이면 (+)이온과 (-)이온이 동등한 상태가 되는데 이것을 등전점이라고 한다.

(3) pH와 모발과의 관계

모발의 pH란 산성과 알칼리성의 정도를 나타내는 수치로 0에서 14까지로 구분한다. 이때 중간인 7.0을 중성이라 하며 7 이하를 산성이라 하고, 7 이상을 알칼리성으로 표현한다. 모발의 pH는 보통 4.5~5.5 정도로 측정된다.

모발이나 피부의 pH는 모발이 수분을 함유하고 있을 때 모발 표면 또는 모피질 내의 수분을 pH로 측정하는 것이며, pH밸런스(balance)란 모발이 화학적 처리 이후 원래의 pH 4.5~5.5의 약산성으로 되돌아가도록 해주는 것을 말한다.

펌이나 헤어컬러 시술 후 알칼리성을 띠는 모발은 산성 샴푸나 컨디셔너를 사용하여 약산성으로 되돌아오게 하여 모발 손상을 방지할 수 있다.

산성은 모표피를 안정화 시켜주고 모발을 부드럽게 해주며 모발에 윤기와 빗질을 용이하게 허준다.

알칼리화되었을 경우 모표피가 부풀고 팽창된다.

PH이해

- potential of hydrogen(수소이온농도지수)로 물속에 수소이온(H^+)의 양을 측정하는 것이다.
- 독일어의 힘을 뜻하는 Potenz의 P와 수소의 원소기호인 H가 합쳐진 말로 pH (피에이치)라고 읽고 있지만 페하라고 읽는 것이 맞다.
- 수산화 이온은 산소 하나에 수소 하나가 결합된 형태의 수소 산화물로 물에 녹아 염기성 용액이 된다.
- 수산화 이온의 농도는 용액의 염기성이 얼마나 센지 알아볼 수 있는 척도가 된다.

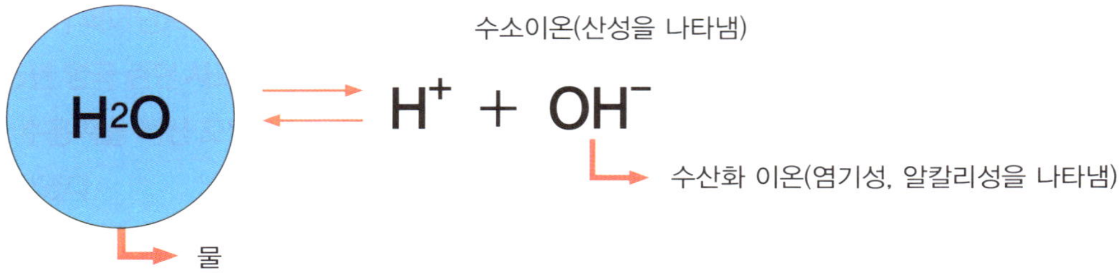

※ 수소이온농도 = 물 1L 중 0.000000.1g 정도

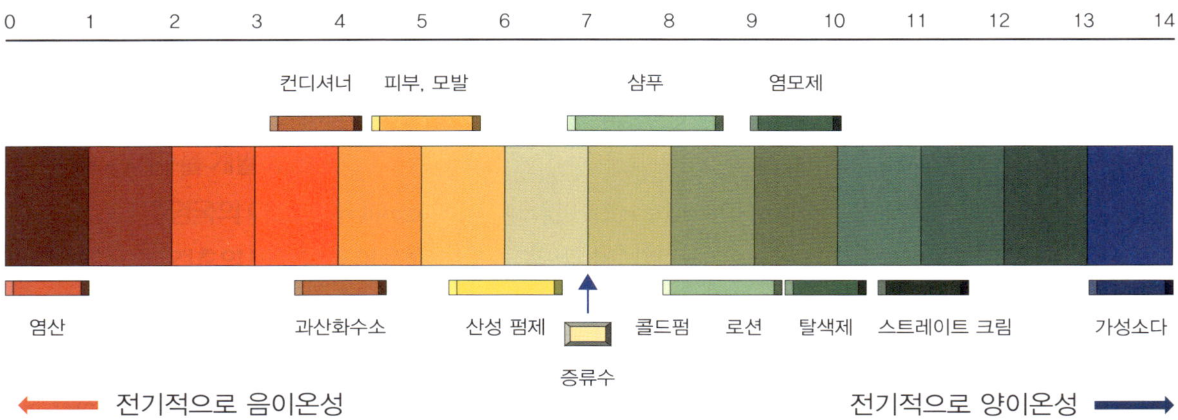

pH(수소이온농도지수) – Power of hydrogen ions

(4) 아미노산

단백질을 구성하는 기본단위가 되는 아미노산을 화학구조로 살펴보면 탄소를 중심으로 알칼리성인 아미노기(NH2+)와 산성인 카복실기(COOH-)로 구성되어 이를 아미노산이라고 하며 알칼리성과 산성 기를 모두 가지고 있어 양성화합물이라고 한다.

아미노산이 생물학적 구성단위로 쓰이는 이유는 각기 다른 아미노산의 아미노기와 카복실기가 공유결합으로 서로 결합할 수 있다는 것인데 이것을 펩타이드 결합(peptide bond)이라고 하며 약 50개 이내 아미노산의 결합을 폴리펩타이드(polypeptide)라 하고 그 이상의 아미노산이 긴 사슬로 결합 되어있는 것을 단백질이라 한다.

① 아미노산의 구조

아미노산은 곁사슬, 아미노기, 카복실기로 구성되어 있다.

곁사슬에 다양한 종류가 올 수 있기 때문에 아미노산의 종류는 다양하다. 아미노산은 곁사슬(side chain)의 종류에 따라서 그 종류가 무척 다양하다.

② 아미노산의 공통구조

아미노기(NH_2^+), 카복실기($COOH^-$), 수소(H), 잔기(Residue) R의 위치에

아미노산의 구조

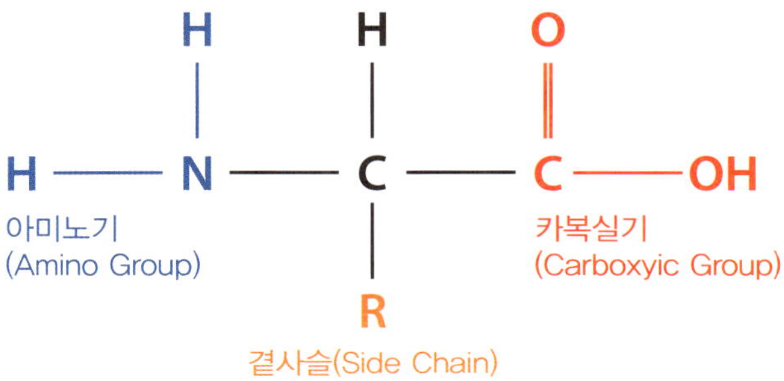

H가 결합하면 글리신

CH_2_OH가 결합하면 세린

CH_3가 결합하면 알라닌

CH_2_SH가 결합하면 시스테인

CH_2_CH_2_CH_2_CH_2_NH_2

결합하면 라이신

CH_2_⬡(방향족)_OH 결합하면 티로신

CH_2_⬡(방향족) 결합하면 페닐알라닌

CH_2_CH_2_S_CH_3 결합하면 메티오닌

모발의 아미노산 조성

아미노산명	함량 %	분자량	pH
글리신(Glycine)	9.5	75	6.0
알라닌(Alanine)	4.0	89	6.0
바린(Valine)	4.7	117	6.0
류신(Leucine)	9.1	131	6.0
이소류신(Isoleucine)	2.2	131	6.0
페닐알라닌(Phenylalanine)	2.7	165	5.5
프로린(Proline)	3.7	115	6.3
세린(Serine)	7.6	105	5.7
트레오닌(Threonine)	7.2	119	56
티로신(Tyrosine)	3.1	181	5.7
아스파라긴산(Aspraginic acid)	8.0	132	5.4
글루타민산(Glutamic acid)	14.8	147	3.2
아르기닌(Arginine)	9.6	174	10.8
리신(Lysine)	2.6	146	9.7
히스티딘(Histidine)	0.9	155	7.6
트립토판(Tryptophan)	0.7	2.4	5.9
시스틴(Cystine)	16.0	121	5.0
메티오닌(Methionine)	1.0	149	5.7

5 모발의 화학적 결합

1) 모발의 결합

모발은 탄성, 강도, 신장 등 다양한 물리, 화학적 특성을 갖기 위해 조직적이고 복잡한 화학결합을 하고 있다. 모발의 세로결할은 모두 폴리펩타이드 결합으로 이루어져 있고 이것을 주쇄 결합이라고 한다. 주사슬의 인접한 곁사슬(아미노산 구조의 R잔기)끼리 도 결합을 하는데 이것은 가로로 연결되어 측쇄 결합이라고 한다.

(1) 주쇄결합(세로결합)

• 폴리펩타이드 결합(polypeptide bond)

많은 수의 아미노산들이 일정한 순서대로 폴리펩타이드 결합을 이루고 있으며 이는 측쇄 결합보다 결합력이 강해 모발이 가로보다 세로로 더 쉽게 끊어진다.

이들 아미노산은 주사슬 사이에 아미노기(NH_2)와 인접한 주사슬의 카복실기(COOH)가 축합 중합되어 H_2O가 빠져나가고 남은 -CO, -NH가 결합한다. -CO-NH-의 결합을 펩타이드 결합(peptide bond)이라 하고 이 결합이 반복되어 지그재그로 길게 이어지는 것을 폴리펩타이드 결합(polypeptide bond)이라고 한다.

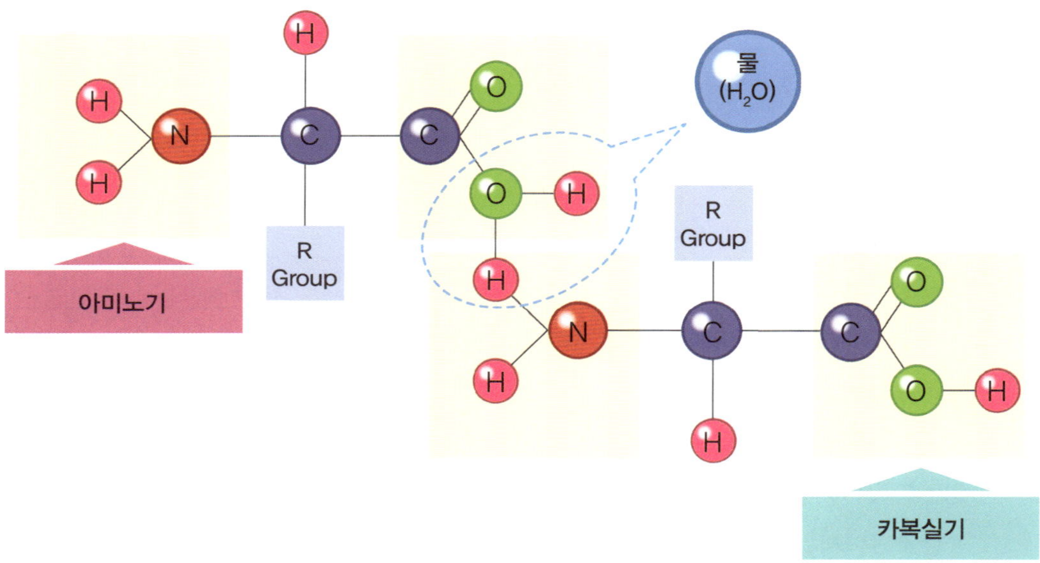

(2) 측쇄결합(가로결합)

폴리펩타이드 주쇄는 인접한 주쇄 간에 상호 가지고 있는 측쇄끼리 측쇄결합이라고 부르는 결합으로 연결되어 있다. 이 횡으로 연결된 것이 케라틴 분자를 고정시켜 강도와 탄력 등 여러 가지 성질을 가진 케라틴으로 주어진다. 측쇄결합은 주로 시스틴 결합, 염 결합, 수소결합의 3종류가 있지만, 이 외에 소수결합, 펩티드결합의 두 종류와 패널 왁스력이라고 하는 분자 간의 약한 결합도 있다.

① **시스틴 결합**(cystine bond)

두 개의 황(S) 원자 사이에서 형성되는 일종의 공유결합으로써 모발의 물리적/화학적 성질에 대한 안정성이 높아 모발 케라틴에 중요한 결합이다. 유황을(S) 포함한 특이한 단백질로 견, 목면 등의 천연 섬유나 합성섬유에서는 볼 수 없는 측쇄결합 중 가장 강한 결합이다. 물리적으로는 강한 결합이지만 화학적으로 반응시켜 절단시키고 다시 재결합시킬 수도 있다. 폴리펩타이드 체인 속의 2개의 황 원자로 결합되어 있고 퍼머넌트 시 환원제에 포함되어 있는 티오글리콜산(Thioglycollic Acid)에 의하여 끊어진다. 물리적으로 상당히 견고한 결합이지만 화학적으로 쉽게 파괴되는 성질이다.

② **이온 결합**(ion bond)

산성 물질과 알칼리성 물질이 결합해서 생긴 중성물질이다.

모발을 구성하는 아미노산에 산성의 아미노산과 알칼리의 아미노산이 있는데, 이 두 개가 결합하여 생긴 것이 아미노산 염이다. 산과 알칼리의 밸런스가 무너지면 염결합은 끊어지고 열리게 된다.

모발은 양이온 아미노기 이온과 음이온 카복실기 이온 간의 정전기적인 결합으로 pH4.5~5.5(모발의 등전점)일 때 결합력이 최대가 되어 모발은 안정적인 상태가 된다. 모발 저항성에 기여하는 케라틴 강도가 약 35% 정도이지만 산 또는 알칼리에 의해 쉽게 파괴되는 약한 결합이다.

산성이나 알칼리성 용액에 모발을 적셔 놓은 후 당기면(팽윤 및 연화 상태) 작은 힘으로도 늘어나게 되는데 이는 염결합에 의한 작용이다. 인접한 주사슬 사이에 아미노기(NH_{2+})와 카복실기(COOH−)가 전기적으로 결합한 것으로 전위차가 없을 때 가장 강하게 결합한다.

③ **수소결합**(hydrogen bond)

모발의 결합 중 세트 및 드라이에 관여하는 결합이다.

분자 간의 힘이 화학결합보다 훨씬 약하지만 시스틴결합, 염결합, 펩티드결합 중에서 가장 많은 수를 차지하기 때문에 전체적인 힘은 강하다. 주쇄의 가운데 혹은 인접된 주쇄 간의 산소(O)와 수소(H)간의 잡아당기는 힘에 의한 결합으로 산소와 수소간의 거리가 먼 결합은 물에 쉽게 절단되지만 건조함으로써 재결합하며, 거리가 가까운 만큼 결합력은 강하게 된다.

결정영역 부분에 수소결합은 물로도 절단되지 않는다. 물에 젖은 케라틴 섬유가 건조상태에 비해서 쉽게 늘어나는 것은 이 결합이 관여하고 있기 때문이다.

④ **펩타이드 결합**(peptide bond)

두 분자의 아미노산은 펩타이드 결합(peptide bond)이라고 불리는 축합 아마이드 결합(amide linkage)에 의해 공유결합을 형성하여 다이펩타이드(dipeptide)가 된다. 이런 종류의 결합은 한 아미노산 븐자의 카복실기와 또 다른 아미노산 분자의 아미노기에서 H2O를 제거(탈수)함으로 생성된다.

펩타이드 결합의 생성은 축합반응의 한 예로, 세포에서 일어나는 일반적인 반응이다. 하나의 아미노산 아미노기는 친핵체로 작용하여 다른 아미노산의 카복실기와 반응하여 펩타이드 결합을 형성한다.

6 퍼머넌트 웨이브와 개요

1) 퍼머넌트 웨이브의 원리

퍼머넌트 웨이브는 모발 속에 존재하는 케라틴의 화학적 성질 변화를 이용해 본래의 헤어 구조와 성질을 다르게 변형시켜 지속 가능한 웨이브를 형성하는 것이다.

모발의 폴리펩타이드와 폴리펩타이드 사이의 가교역할을 하는 것으로 시스틴 결합, 수소 결합, 이온 결합, 펩티드 결합이 있는데 퍼머넌트 웨이브 작용에 중요한 시스틴 결합은 매우 안정되며 가장 많은 결합력을 갖는다.

퍼머넌트 웨이브제의 일차적인 목적은 화학적인 작용으로 퍼머넌트 웨이브 1제 환원제에 의해 물질이 산소(O)를 잃고 수소(H)와 화합하여 시스틴 결합이 절단되어 모발이 쉽게 팽윤, 연화되게 하고 로드로 와인딩 하면 모발 안쪽 폴리펩타이드 결합은 축소되고 바깥 폴리펩타이드 결합은 팽창되는 물리적 작용으로 모발의 형태를 바꾸는 것이다.

퍼머넌트 웨이브의 핵심은 각각의 결합들의 결합거리를 멀어지게 한 후 시스틴 결합을 환원시켜 원하는 단백질 변형을 유도하고 산화 과정을 통해 지속 가능한 단백질 변형으로 디자인을 얻는 것이다.

(1) 제1제의 환원작용

1제의 작용에 의하여 티오글리콜산(thioglycollic acid) 또는 시스테인(cysteine)의 환원작용에 의해 시스틴 결합은 2개의 시스테인이 잔기(-SH)를 절단시키면서 티오글리콜산 또는 시스테인은 디티오글리콜산 또는 시스틴이 된다.

1제 속의 환원제로 케라틴의 시스틴 결합을 환원하여 절단되면 2제의 산화제로 산화하는 것에 의해 원래 시스틴 결합으로 돌아가는 것으로 콜드 웨이브의 원리로 화학반응을 도식으로 제시하면 다음과 같다.

제1제의 환원작용

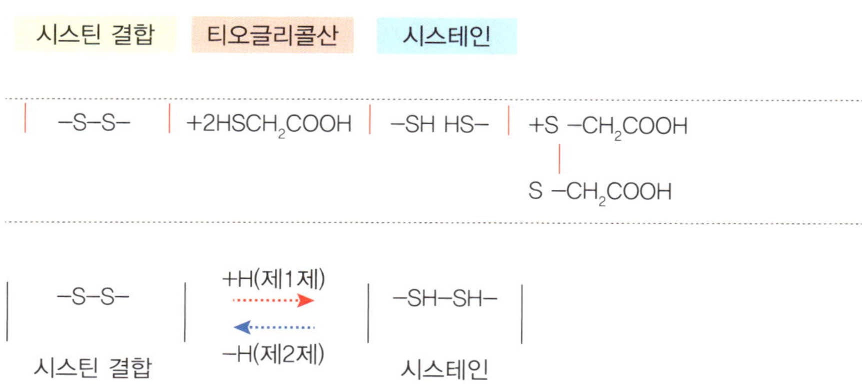

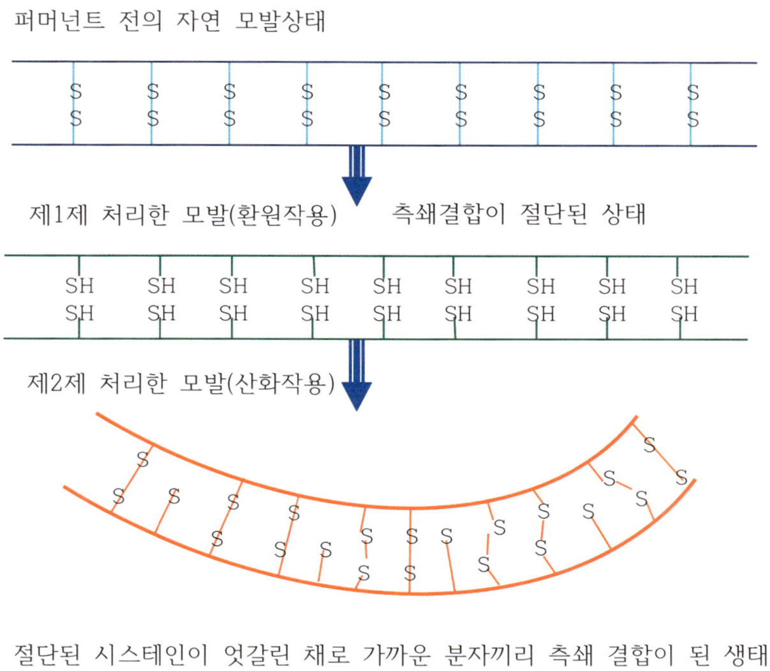

(2) 제2제의 산화작용

$$|-SH + HS-| + O \rightarrow |-S-S-| + H_2O$$

시스테인 → 시스틴 결합

7 퍼머넌트 웨이브제의 구성성분

1) 제1제

(1) 환원제

① **티오글리콜산**(Thioglycolic acid)

티오글리콜산은 산성 물질로 산에서는 환원력이 약하고 알칼리에서는 환원력이 강해지는 성질이 있어 암모니아수나 탄산암모늄 등의 알칼리 물질을 가해 티오글리콜산 암모늄과 티오글리콜산 2~7%로 사용한다. 알칼리 성분에 의해 모발을 팽윤, 연화시키고 모발의 시스틴 결합을 환원시켜 절단시키는 작용을 한다. 티오글리콜산의 화학식은 HSCH2COOH이며 pH는 2 전후의 강산이다.

그러나 산성 물질인 채로 사용하게 되면 피부 자극이 심하고 상당히 희석된 용액이라도 표피 각질이 박리되고 염증을 일으키기 쉬워 티오글리콜산에 알칼리를 가해 pH 8.5~10.5 정도의 알칼리제로 사용한다.

알칼리제를 만드는데 사용하는 알칼리제의 종류로는 암모니아가 가장 많이 쓰이고 이외에 모노에탄올아민이나 트라이에탄올아민들의 아민계 알칼리제를 사용하는데 그 역할은 환원제의 환원작용을 향상시켜 모발의 팽윤과 연화 작용에 도움을 준다.

② **시스테인**(Cystine)

시스테인은 아미노산의 일종으로 예전에는 모발이나 새의 깃털을 가수분해하여 얻을 수 있는 것으로 HS의 화학식인 시스틴을 환원제로 만들었다. 시스테인 퍼머넌트 웨이브제는 자극적인 냄새가 적고 모발의 팽윤도가 적어 모발 손상이 적으며 자연스러운 웨이브 연출에 효과적이다. 환원제인 티오글리콜산과 시스테인의 웨이브 효과와 장·단점을 비교하면 다음과 같다.

티오글리콜산과 시스테인의 팽윤도 비교

	농도%	pH	15분경과	모발의 팽윤도%
티오글리콜산	5.0	9.4	72.5	70
시스테인	5.0	9.1	38.4	58

- 환원
  - 물질이 산소(O)를 잃는다.
  - 물질이 수소(H)와 화합한다.
  - 원자나 이온이 전자를 얻는다.

티오글리콜산과 시스테인 용제의 비교

	시스테인계열	티오글리콜산계열
장점	1) 모발 손상이 적다. 2) 비교적 냄새가 적다. 3) 자연스러운 컬이 형성된다. 4) 피부 자극이 적다.	1) 경제적이다. (저렴하다) 2) 환원력이 우수하다.
단점	1) 환원력이 약하다. 2) 불안정적이며, 공기 중에서 산화되기 쉽다. 3) 비교적 가격이 싸다.	1) 자극적인 냄새가 난다. 2) 모발 손상이 비교적 많다.
비고	1) 1제는 뚜껑을 열어 방치해 두면 산화되므로 밀봉하여 건냉암소에 보관한다. 2) 환원제는 철과 동 등의 금속이온과도 반응하여 효력이 상실됨으로 용기나 기구 등 금속을 사용하지 않는다.	

(2) 보조제

① pH 조정제

• 암모니아 타입의 알칼리

알칼리제로 암모니아를 사용하면 시술할 때 자극적인 냄새를 유발한다. 그러나 휘발성에 의해 잔류성이 적어 피부 자극이 적다. 모발을 적당히 팽윤시키고 그 양과 비율에 따라 soft 한 웨이브에서 hard 한 웨이브 연출까지 디자인 연출에 용이하다.

• 아민 타입의 알칼리

아민계 알칼리 중에서도 모노에탄올아민이 가장 많이 사용되고 기화성이 없어 모발에 대한 친화성이나 잔류성이 암모니아보다 높아 모발과 두피에 과잉작용이 일어날 수 있다. 이를 방지하기 위해서는 충분히 씻어내고 pH Control 해야 한다.

② 첨가제

• 침투제

용액의 침투를 좋게 하기 위해서 계면활성제를 첨가한다. 계면활성제는 액체의 표면장력을 적게 하는 작용이 있다. 분자 중에 친수기와 친유기를 가지고 있으며 이온성을 띤다. 이온성에 따라 아니온(음이온) 계면활성제, 카치온(양이온) 계면활성제, 양면 계면활성제, 논이온(비이온) 계면활성제으 4종류로 나눈다.

• 습윤제

피부나 모발에 적당한 습윤작용을 해주는 글리세린, 소비톨, 프로필렌글리콜, 프로리 돈 카르본산 나트륨 등이 모발의 손상 부위에 잘 흡착되는 성질이 있기 때문에 손상 모의 회복과 용액으로부터 모발을 보호하기 위해 사용된다. 최근에는 히알루론산 같은 바이오 성분이 주목받고 있다.

- 유화제, 가용화제

  피부나 모발을 보호하거나 감촉을 좋게 할 목적으로 유지, 왁스, 그 밖의 성분을 첨가한다. 유화제로는 계면활성제가 쓰인다.

- 유성 성분

  모발에 유분이나 영양분을 보급하고, 모발을 화학제로부터 보호하는 성분으로 동, 식물유, 왁스, 광물유 등을 사용한다.

- 착색제

  화장품에 사용되는 착색제는 펌 용제에 사용할 수 있다.

- 향료

  식물의 꽃이나 잎 등에서 얻을 수 있는 정유와 동물의 분비물에서 얻어지는 천연향료를 사용하고 있다.

- 기타

  티오글리콜산이나 시스테인, 물 들은 금속 성분이 조금만 들어가도 안정성이 떨어진다. 금속과 반응하지 않도록 킬레이트제(금속이온봉쇄제) 등의 안정제를 첨가하기도 하며 피부 염증을 막는 항염증제를 첨가하기도 한다.

2) 제2제

(1) 산화제

① 브롬산 나트륨(NaBrO3)

사용 농도는 5~6% 정도가 적당하며 처리시간이 짧으며, 산성에서 안정된 상태를 유지하는 것이 어려우므로 pH 5.0~7.5를 유지한다.

처리 후 모발에 잔존율이 높으면 모발이 거칠어지고 손상을 일으킨다. 따라서 꼼꼼히 헹구는 뒤처리가 중요하다. 특히 시스테인 퍼머넌트 산화제로는 브롬산 나트륨만을 사용한다.

② 과산화수소(H_2O_2)

H_2O_2는 브롬산 나트륨보다 산화 속도가 빠르고 짧은 시간에 충분한 산화 효과를 얻을 수 있다. 단 중간 린스가 충분하지 않은 상태에서 제2 제를 도포하면 모발에 잔류해 있는 1제와 H_2O_2가 반응해서 산화작용을 필요 이상으로 강하게 하거나 제2 제의 효력을 저하시켜 모발이 손상될 우려가 있다. H_2O_2를 주성분으로 하는 제2제를 사용할 때는 중간 린스 과정이 중요하다.

- 산화
  ① 물질이 수소(H)를 잃는다.
  ② 물질이 산소(O)와 화합한다.
  ③ 원자나 이온이 전자를 잃는다.

8 퍼머넌트 웨이브 시술 도구 및 장비

① **로드**

퍼머넌트 웨이브에 사용되는 로드는 다양한 굵기와 재질로 출시되고 있어 퍼머넌트 웨이브 디자인에 따라 그에 맞는 로드를 선정하여 사용한다.

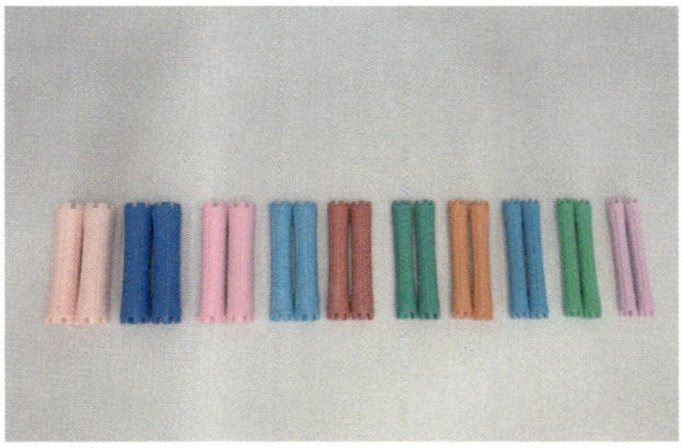

② **꼬리 빗**

퍼머넌트 웨이브 시 블로킹할 때 두상을 구획하기 위해 사용하며 와인딩할 때 슬라이스와 모발을 가지런히 빗질하고 모발의 각도를 조절하기 위해 사용한다.

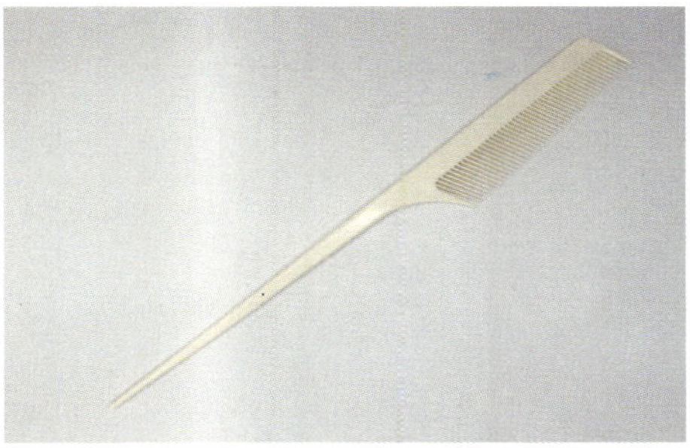

③ **퍼머넌트용 장갑**

펌제에 의한 시술자의 손을 보호하고 도구의 미끄러짐을 방지하기 위해 사용한다.

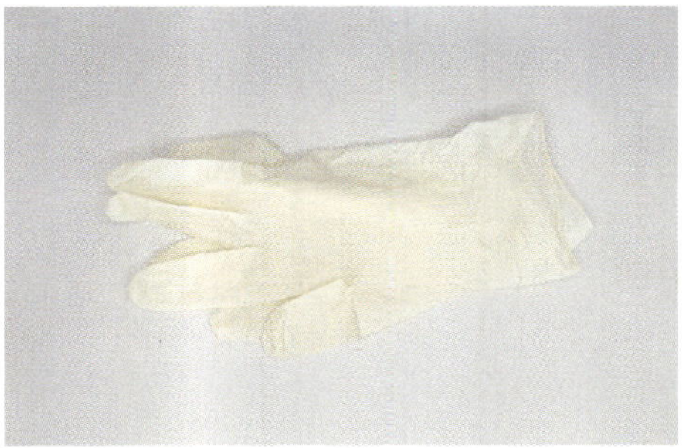

④ 앤드 페이퍼

퍼머넌트 웨이브 시술 시 모발의 흐트러짐을 예방하여 와인딩을 용이하게 하고 모발 손상을 최소화하기 위해 사용한다.

⑤ 고무 밴드

와인딩 된 모발이 로드에서 흐트러지지 않도록 사용되고 밴딩 방법에 따라 다른 힘이 가해져 원하는 웨이브의 탄력성을 얻을 수 있다.

⑥ 헤어밴드

퍼머넌트 웨이브 용제가 고객의 목이나 얼굴에 흐르는 것을 방지하기 위해 사용한다.

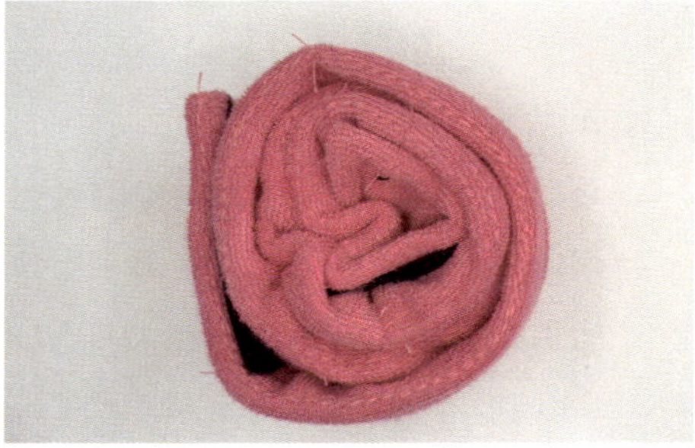

⑦ 비닐 캡

프로세싱 타임 시 퍼머넌트 웨이브 용제의 산일 방지와 두상 전체에 고른 보온을 위해 사용한다.

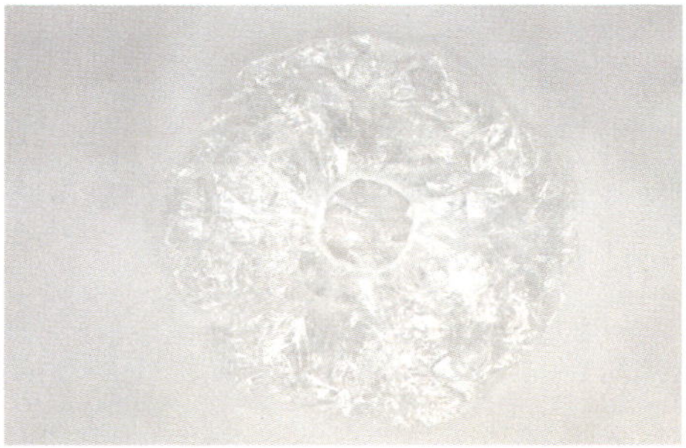

9 퍼머넌트 웨이브 시술 제품

1) 샴푸제

퍼머넌트 웨이브 시술 전 모발의 유분과 이물질을 제거하여 청결을 유지하고 퍼머넌트 웨이브 용제의 침투가 쉽게 하기 위해 사용한다.

2) 퍼머넌트 웨이브제

퍼머넌트 웨이브 시술 시 모발의 구조를 화학적으로 환원작용을 하는 1제와 산화작용을 하는 제2제로 구분한다. 1제는 티오글리콜 산과 시스테인을 주성분으로 하고 제2제는 브롬산 나트륨, 브롬산 칼륨, 과산화수소를 주성분으로 한다.

3) 트리트먼트제

퍼머넌트 웨이브 시술 시 사용하는 트리트먼트는 모발을 보호하고 손상을 최소화하기 위해 사용한다. 퍼머넌트 웨이브 시술 전에 사용하는 전 처리제와 시술 후에 사용하는 후 처리제 제품으로 분류되어 있다.

10 퍼머넌트 웨이브 실제

1) 두상 포인트 명칭

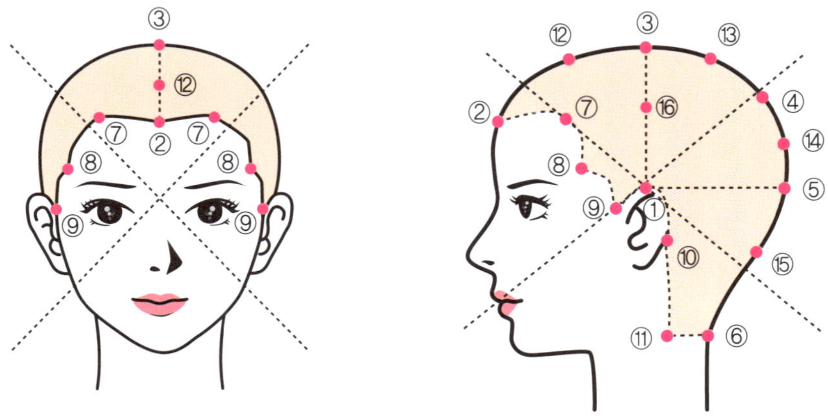

번호	기호	명칭
1	E.P	이어 포인트 (ear point)
2	C.P	센터 포인트 (center point)
3	T.P	톱 포인트 (top point)
4	G.P	골든 포인트 (golden point)
5	B.P	백 포인트 (back point)
6	N.P	네이프 포인트 (nape point)
7	F.S.P	프런트 사이드 포인트 (front side point)
8	S.P	사이드 포인트 (side point)
9	S.C.P	사이드 코너 포인트 (side coner point)
10	E.B.P	이어 백 포인트 (ear back point)
11	N.S.P	네이프 사이드 포인트 (nape side point)
12	C.T.M.P	센터 톱 미디움 포인트 (center top medium point)
13	T.G.M.P	톱 골든 미디움 포인트 (top golden medium point)
14	G.B.M.P	골든 백 미디움 포인트 (golden back medium point)
15	B.N.M.P	백 네이프 미디움 포인트 (back nape medium point)
16	E.T.M.P	이어 톱 미디움 포인트(ear top medium point)

2) 와인딩

(1) 와인딩의 개념

와인딩(winding)이란 퍼머넌트 웨이브를 할 때 모발을 로드에 말아주는 기술을 말한다. 와인딩 시 모발이 너무 강하게 당겨지지 않도록 적당한 텐션을 유지해 주어야 한다.

와인딩 방법은 스트랜드에 1제(환원제)를 도포하는 방법과 1제(환원제)를 모발에 직접 도포하지 않고 물로만 적셔서 와인딩하는 경우가 있는데 이를 워터 랩핑(water wrapping)이라고 한다.

워터 랩핑은 손상 모와 연모, 짧은 모발에 적당한 시술 방법이다.

(2) 로드의 굵기(호수) 선정과 회전수

로드를 선정할 때는 펌 디자인에 따라 로드의 굵기(호수)가 결정된다.

로드의 굵기(호수)에 따라 동일한 길이의 모발이라도 로드에 감기는 모발의 회전 수가 달라진다. 로드에 1~1.5바퀴 정도 감기게 되면 C 컬의 웨이브가 형성되고, 2~2.5바퀴 이상 모발이 로드에 감기게 되면 S컬의 웨이브가 형성된다. 지름이 1cm인 로드로 C컬을 만들기 위한 모발의 길이가 3.14cm이며 S 컬을 만들기 위해서는 6.28cm~7.85cm의 길이가 필요하다.

- 로드의 둘레 = 로드 지름 × 3.14
- lcm × 3.14 = 3.14cm
- C컬 = 3.14cm x 1바퀴 = 3.14cm
- S컬 = 3.14cm × 2바퀴 = 6.28cm

(3) 텐션(tension)

① 적당한 텐션을 주어 매끄럽고 균일하게 와인딩한다.

② 모발을 너무 팽팽하게 잡아당기면 모발 손상을 초래하거나 웨이브 형성에 장애가 된다.

③ 텐션은 한쪽으로 쏠리지 않도록 좌우 동일한 힘을 주어 와인딩 한다.

④ 텐션이 균일하지 않을 경우 펌제가 고르게 도포되지 않아 웨이브 형성에 장애가 된다.

⑤ 손상모일 경우에는 너무 강한 텐션으로 와인딩 하면 모발 손상이 심해지고 탄력이 떨어지므로 모질 상태에 따라 적당한 텐션이 중요하다.

(4) 섹션과 슬라이스 두께

섹션은 와인딩을 위해 형태에 따라 구획을 나누는 것으로 펌 디자인에 따라 로드의 크기와 종류가 결정되고 섹션의 크기는 로드의 크기, 모발의 질, 모발의 밀도에 따라 달라질 수 있다.

슬라이스 두께는 펌 디자인에 따라 달라질 수 있으며 보편적으로는 로드의 지름만큼 두께를 뜨고 시술하지만 굵은 웨이브를 형성하고자 할 때는 슬라이스 두께가 넓을수록 굵은 웨이브를 형성할 수 있다.

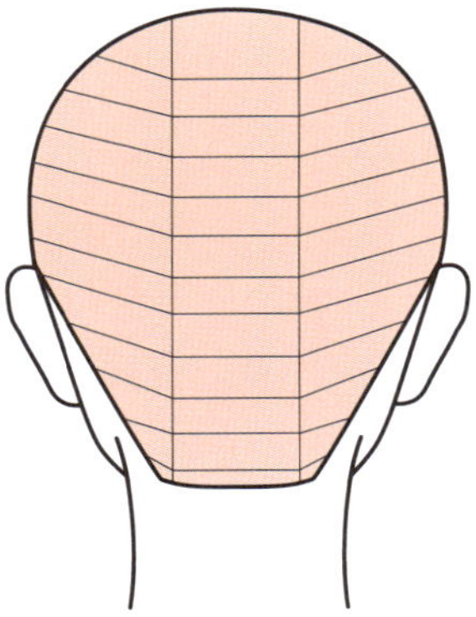

가로 섹션
Horizontal Section

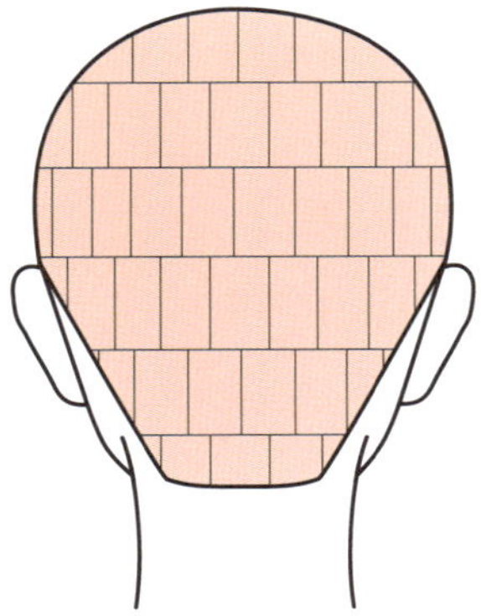

세로 섹션
Vertical Section

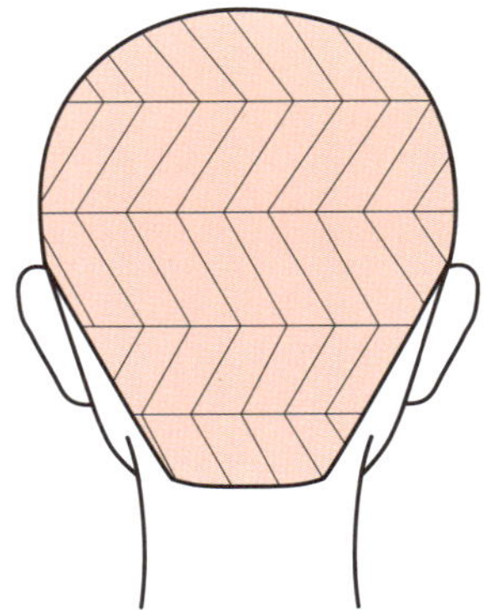

사선 섹션
Diagonal Section

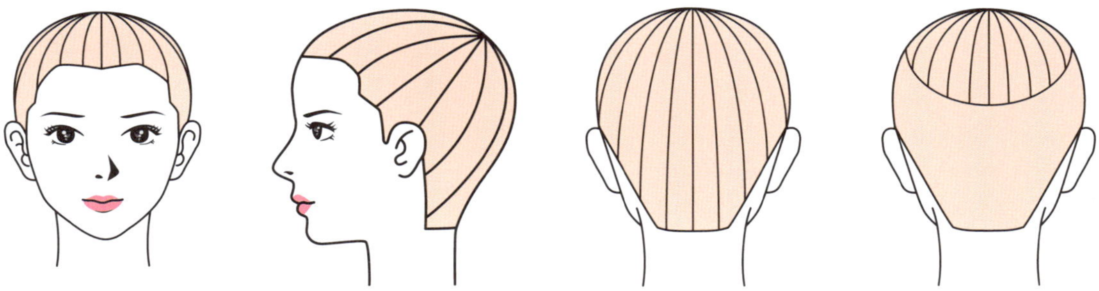

피봇 섹션 (pivot section)

11 시술 각도

퍼머넌트 웨이브 시술 시 와인딩 각도는 두상의 부피감을 살리거나 다운시킬 때 중요한 요소이다. 와인딩 각도는 톱 부분의 경우에는 두상의 각도 120˚, 골든 포인트는 100˚ 정도가 적당하며 백 포인트의 볼륨을 적게 하기 위해서는 90˚, 45˚, 15˚, 등 입체감을 조절할 수 있다.

1) 온 베이스(On Base)

베이스 중앙에서 위로 45˚의 각도로 빗질하여 와인딩된 로드는 베이스 중앙에 위치하게 된다. 볼륨이 가장 크게 형성되므로 톱 부분 위에 많이 사용된다.

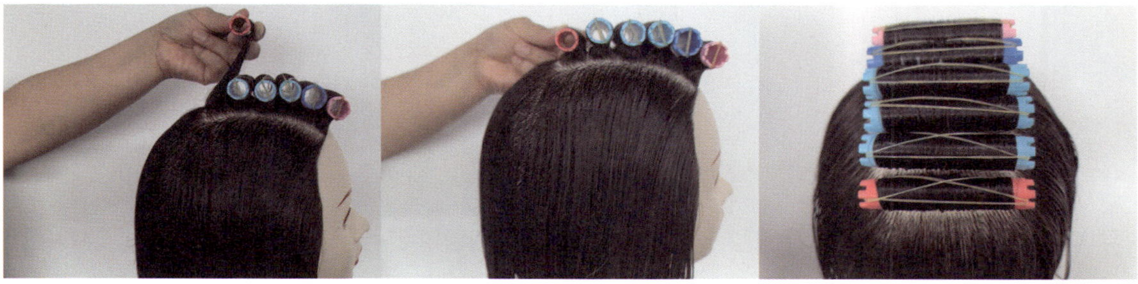

2) 하프 오프 베이스(Half-off-Base)

베이스 중앙에서 위로 90˚의 각도로 빗질하여 와인딩된 로드는 베이스선 아래 2/1에 위치하게 된다. 중간 정도의 볼륨이 형성되므로 톱 부위에 많이 사용된다.

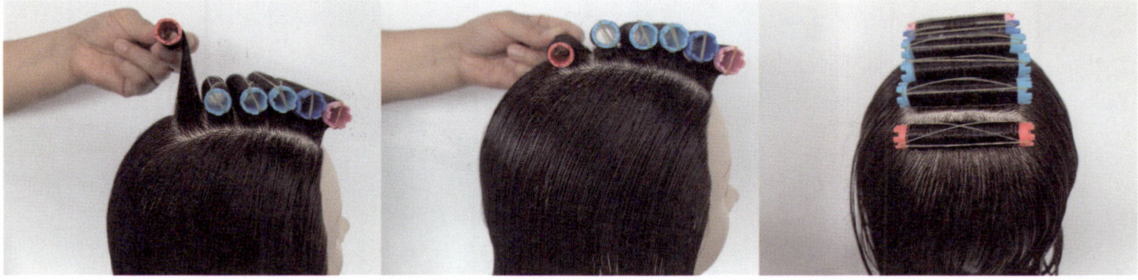

3) 오프 베이스(Off Base)

베이스 중앙에서 아래로 45°의 각도로 빗질하여 와인딩된 로드는 베이스를 벗어나 아래쪽에 위치하게 된다. 볼륨보다는 컬을 얻고자 할 때 사용하며 방향성이 높아 네이프 부분에 많이 사용한다.

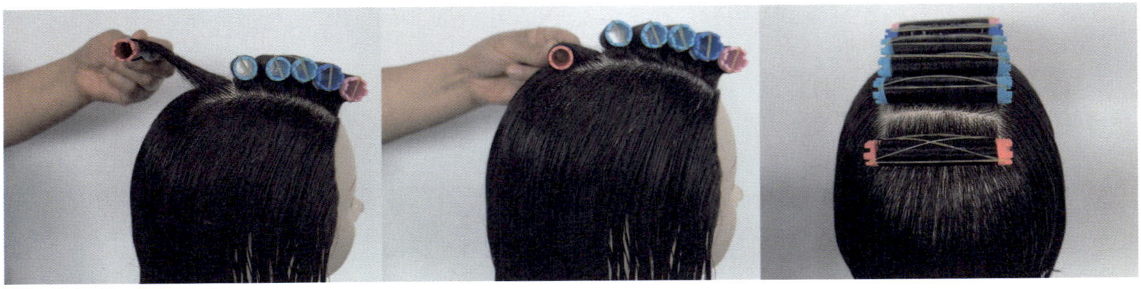

12 엔드 페이퍼(End Paper)

엔드페이퍼는 사용은 모발의 길이가 일정하지 않은 끝부분을 와인딩의 편리성과 모발의 보호를 위해 사용한다. 모발 끝의 흐트러짐을 막아 와인딩을 용이하게 하며 머리끝에서 페이퍼를 약 1.5cm 정도 길게 나오게 하여 와인딩 하는 것이 올바른 방법이다.

1) 싱글 엔드 페이퍼(Single End Paper)

일반적 사용 기법으로 모발 끝에 한 면만 페이퍼를 대고 와인딩 한다.

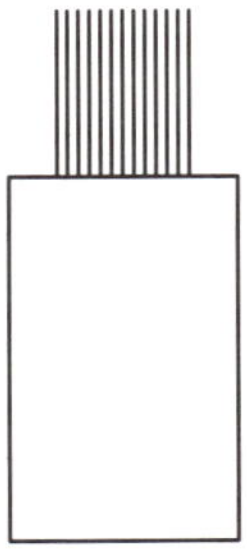

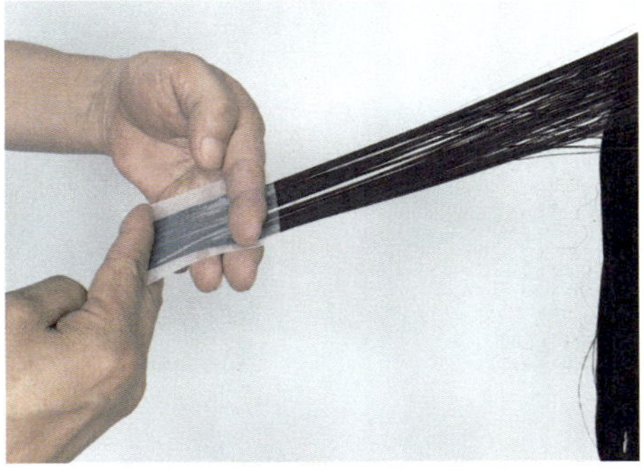

2) 북 엔드 페이퍼(Book End Paper)

모발의 양이 적거나 얇은 슬라이스 또는 짧은 모발에 사용하는 기법으로 모발 끝에 한 장의 엔드 페이퍼를 책처럼 반으로 접어서 와인딩 한다.

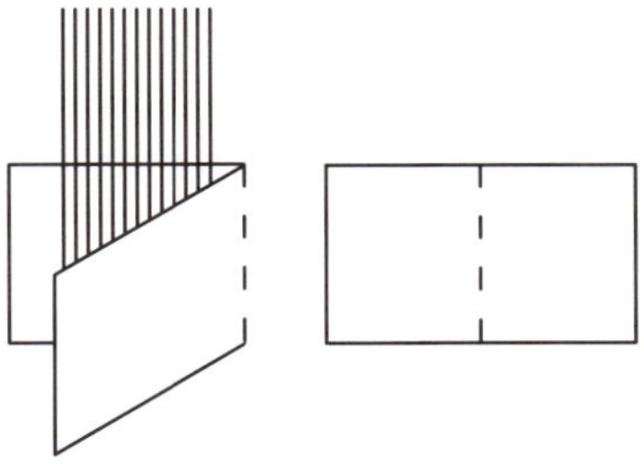

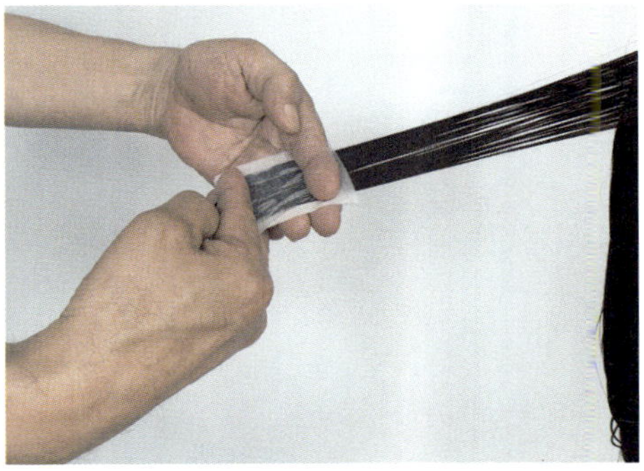

3) 쿠션 엔드 페이퍼(Cushion End Paper)

얇은 모발이나 손상 모발에 지지력 역할을 해주는 기법으로 와인딩을 하면서 연속으로 엔드 페이퍼를 올려주며 와인딩 한다.

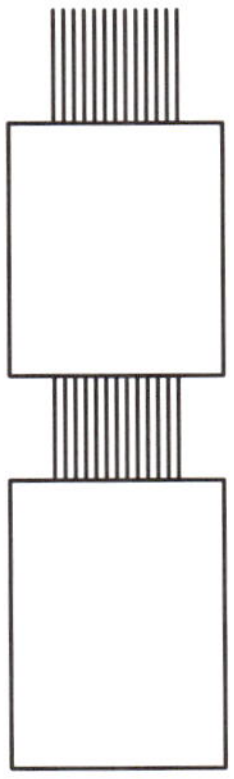

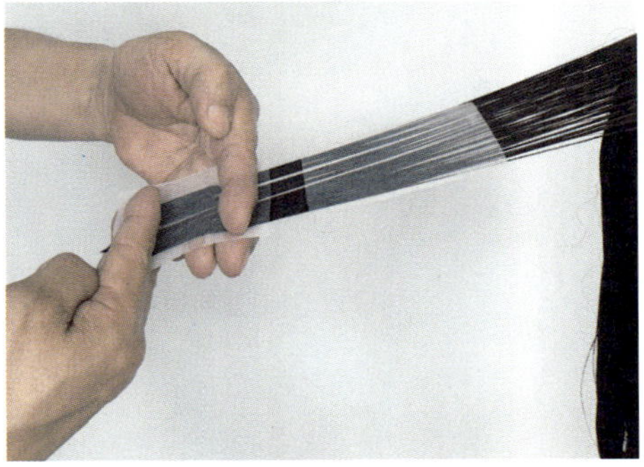

4) 두 겹 와인딩 하기(Double – paper technique)

섹션 뜬 모발 밑에 페이퍼를 한 장 받치고 위쪽에 한 장 더 덮어주고 와인딩한다.

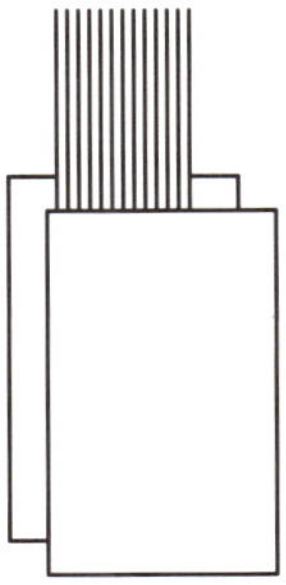

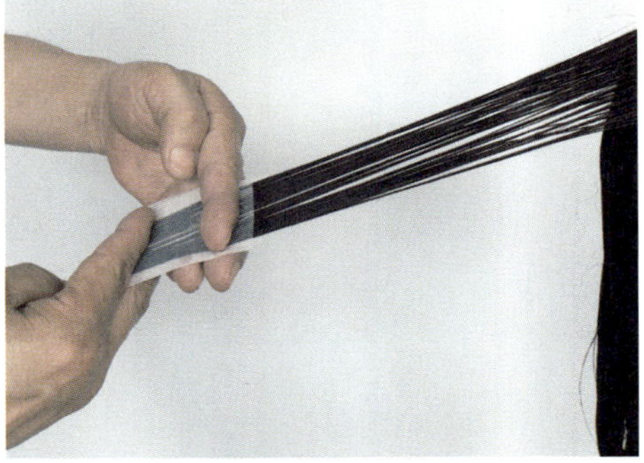

13 밴딩(Banding)

밴딩은 와인딩 후 로드와 모발을 고정시켜 주고 텐션을 유지하기 위해 사용된다. 모근에 지나치게 가까이 고정하면 밴딩 자국이 남거나 단 모가 될 수 있으므로 주의해야 한다.

1) 십일자형 밴딩

검증형에서 많이 사용하는 기법으로 모발 끝에 한 면만 페이퍼를 대고 와인딩 한다.

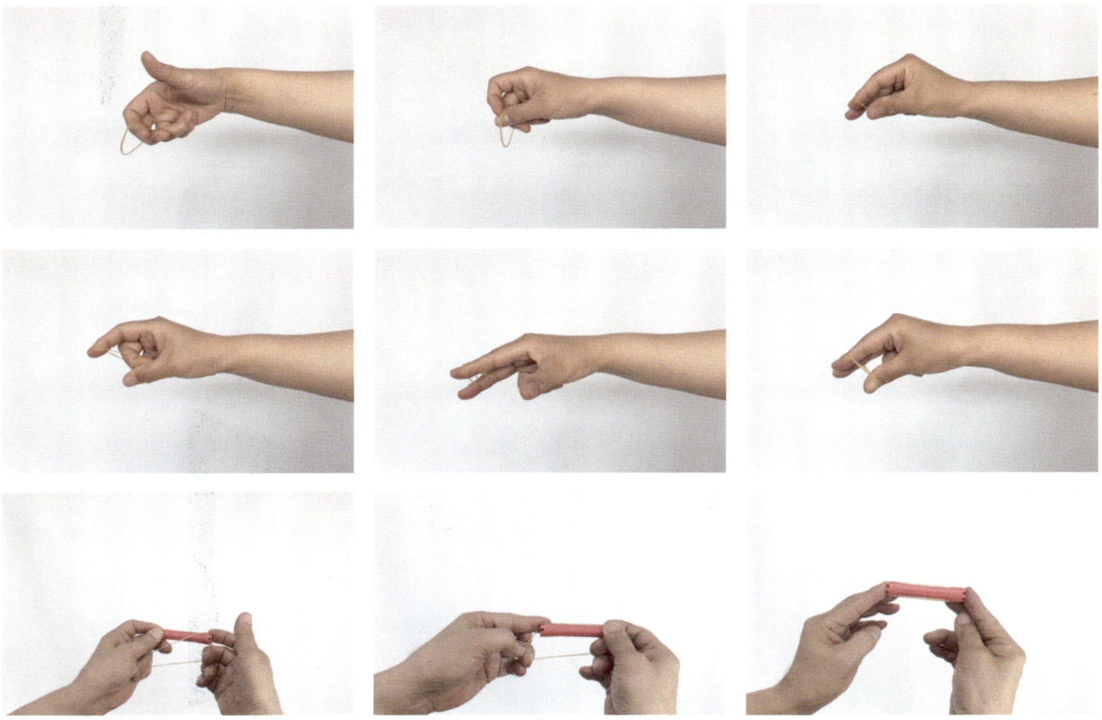

2) 엑스자형 밴딩

엑스자형 밴딩은 모근에 자국이 남지 않는 장점이 있다.

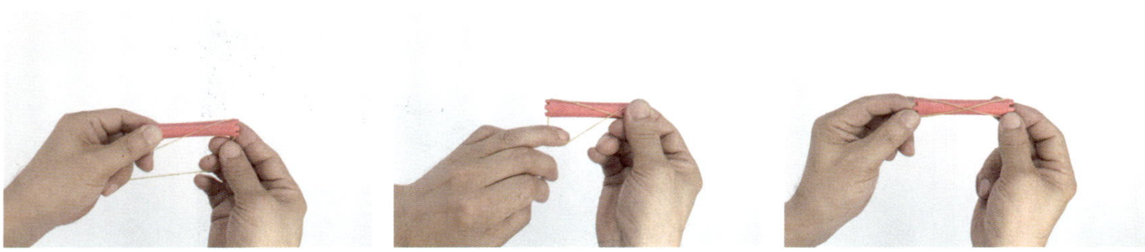

3) 십일자 엑스자형 밴딩

십일자 엑스자형 밴딩은 가장 많이 사용되는 기법으로 다양한 퍼머넌트 웨이브의 시술할 때 사용할 수 있으며, 밴딩의 텐션을 골고루 분산시킬 수 있는 장점이 있다.

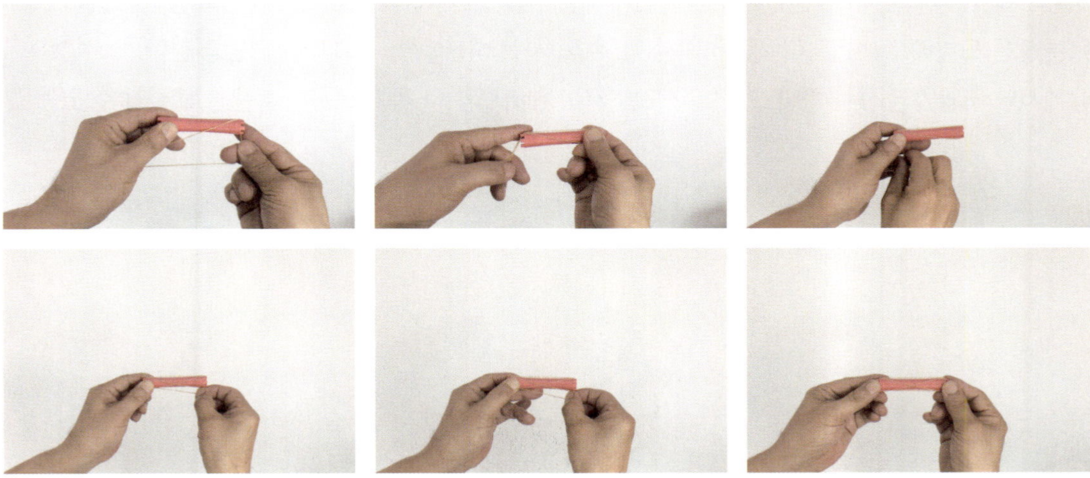

14 와인딩 기법

1) 크로키놀식 와인딩 기법(Croquignole Winding)

크로키놀식 와인딩 기법은 모발 끝에서부터 와인딩하는 방법으로 일반적으로 가장 많이 사용하는 방법으로 긴 모발은 물론 짧은 모발에도 와인딩이 가능하며 수평, 수직, 사선 섹션(section)에 따라 와인딩 한다.

모발 끝에서부터 와인딩 해서 컬이 모근보다 모발 끝이 웨이브가 더 작고 모근의 볼륨을 조절할 수 있는 장점이 있다.

2) 스파이럴식 와인딩 기법(Spiral Winding)

스파이럴식 와인딩 기법은 모근에서 시작해 모발 끝(모선)쪽으로 손목을 나선형으로 돌려 말아가는 방법과 모발 끝(모선)에서 시작해 모근 쪽으로 로드를 돌려 말아가는 방법이 있다.

짧은 모발보다 긴 모발에 시술이 용이하고 전체적으로 균일한 컬을 만들 수 있다.

15 퍼머넌트 웨이브의 방법

1) 전처리 과정

두피 및 모발진단	고객 상담을 통해 고객의 두피, 모발 상태를 파악하고 스타일 결정
프레샴푸	모발의 이물질을 제거하고 1제 흡수가 용의하기 위한 사전샴푸
프레커트	손상 모 제거 및 와인딩에 적합한 길이로 커트
프레 트리트먼트	퍼머넌트 시술 전 모발 손상 방지 및 균일한 웨이브 형성을 위한 제품 사용

2) 퍼머넌트 시술 과정

블로킹	로드를 말기 쉽도록 두상을 구획하는 작업
와인딩	로드와 엔드페이퍼(파지)를 이용하여 모발에 일정한 텐션을 유지하면서 모발을 로드에 감싸는 작업
1제 도포	환원제가 모발에 잘 침투되도록 펌제를 고르게 도포하는 작업
프로세싱타임	와인딩 및 1제 도포 후 비닐캡을 씌워서 모발 상태에 따라 적절한 시간으로 방치하는 것
플레인 린스	테스트 컬 이후의 중간 린스이며 미온수로 헹구는 것
제2제 도포	산화제(과산화수소) 도포 후 5~7분 방치한다. 산화제 취소산(브롬산) 나트륨, 취소산 (브롬산)칼륨 7분씩 2번에 나누어 도포한다.
플레인 린스	로드 제거 후 제품 성분 제거를 위해 미온수로 충분히 씻어내는 것

3) 퍼머넌트 시술 후처리 과정

트리트먼트	모발 손상을 방지 및 영양 공급을 위해 트리트먼트 제품 사용하는 것
타월드라이	젖은 모발을 타월을 이용하여 물기 제거하는 것
콤아웃	블로 드라이 및 아이론을 이용하여 스타일링 작업으로 마무리 하는 것

16 얼굴형에 따른 헤어펌 스타일 분류

1) 방향에 의한 시각적 효과

(1) 사각형의 얼굴형은 원심적 시각효과에 의하여 얼굴 윤곽이 확장되어 보인다.

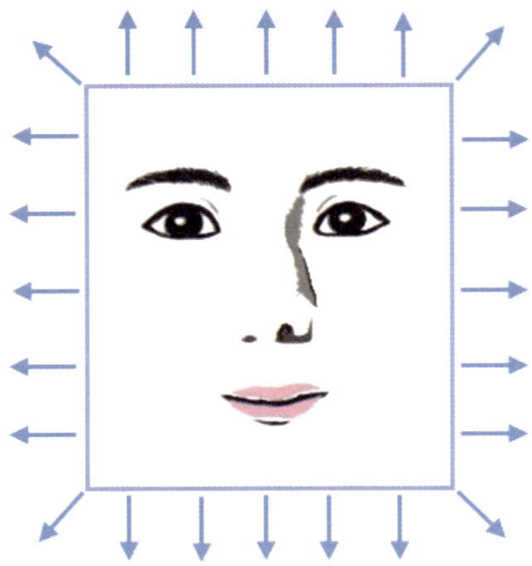

원심적 시각효과

(2) 둥근 얼굴형은 구심적 시각효과에 의하여 얼굴 윤곽이 축소되어 보인다.

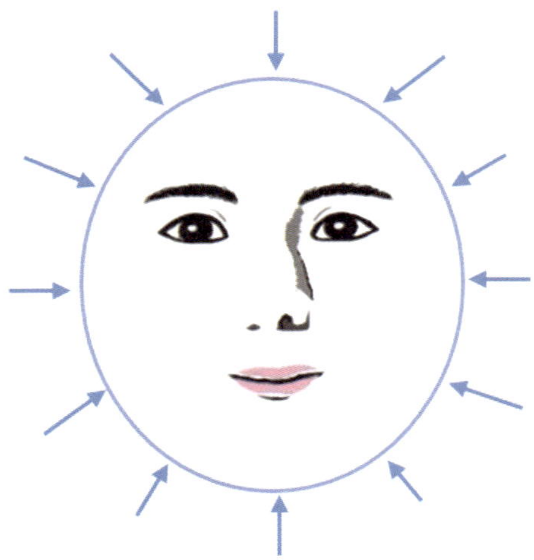

구심적 시각효과

헤어 퍼머넌트 디자인에서 확장되어 보이는 시각효과가 작용하는 얼굴형은 축소되어 보이며 갸름하게 느껴지는 헤어스타일로 디자인을 해야 하고 축소되어 보이는 얼굴형은 모류의 흐름(방향성)에 변화를 주어 갸름하게 연출해야 한다.

동양인의 얼굴 유형을 분석하면 장방형이 28%로 가장 높은 비율을 차지하며, 장방형이나 장방형에 가까운 얼굴형은 26%, 둥근형이 24%, 역삼각형이 5%, 사각형이 12%, 마름모형이 3%, 삼각형이 1% 중 장방형과 장방형에 가까운 역삼각형이 더 아름답게 느껴진다.
고객의 아름다운 헤어스타일이 될 수 있도록 헤어디자이너는 고객의 얼굴형에 맞는 헤어디자인을 연구 해야 한다.

2) 얼굴형에 따른 헤어펌 디자인

(1) 장방형

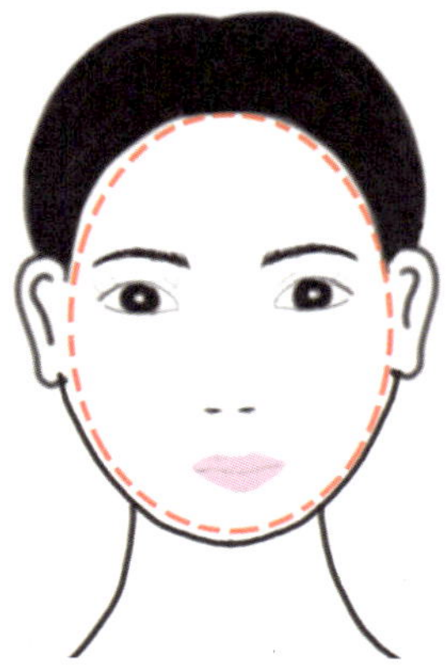

장방형의 얼굴형은 가장 이상적인 얼굴형으로 인식되며 대체로 여러 헤어스타일을 소화할 수 있는 얼굴형이다. 평소 온화하고 얌전한 느낌을 줄 수 있으므로 다양한 웨이브로 포인트를 주며, 대담하고 화려한 스타일도 잘 어울리기 때문에 자유롭게 변화를 주는 것이 좋다.

장방형 얼굴에 어울리는 헤어스타일

(2) 둥근형

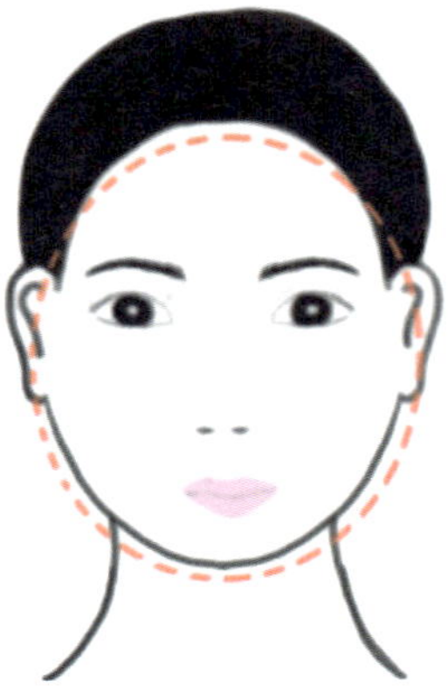

둥근형은 얼굴을 가름하게 보이도록 연출한다. 실제 나이보다 어려 보이는 경향이 있으며 얼굴 전체를 갸름하게 보이게 하는 것이 포인트다. 톱 부분에 풍성한 볼륨을 주고 옆머리는 차분하게 정리하여 턱선을 타고 감싸듯 내려오는 스타일이 갸름하게 하는 효과가 있다. 앞머리를 업 하여 양옆으로 내려오는 큰 스윙의 뱅 스타일이 둥근 이마를 길어 보이게 하는 착시현상을 줄 수 있다. 볼을 덮어주는 머리 흐름을 구성하고 반대쪽 옆머리를 귀 뒤로 넘겨주면 얼굴 길이를 길어 보이게 하는 효과가 있다.

둥근형 얼굴에 어울리는 헤어스타일

(3) 역삼각형

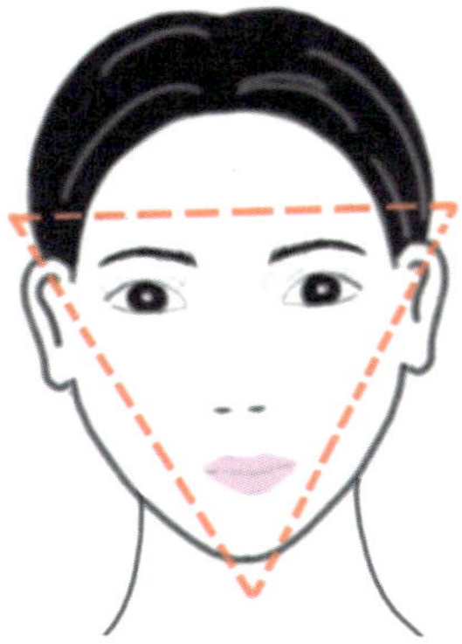

넓은 이마와 가는 턱선을 가진 얼굴형이다.

턱선이 가늘어 아름답게 느껴지는 반면 냉정한 느낌으로 따뜻함이 부족하고 빈약한 인상으로 보이는 경향이 있기에 헤어스타일의 포인트 중 전체 얼굴을 드러내는 헤어스타일은 피하고 턱선의 아름다움을 살리면서 단점 이미지를 커버하기 위해 다양한 머리 흐름과 웨이브로 부드럽고 귀여운 이미지의 헤어스타일을 연출하는 것이 좋다.

넓이를 줄이기 위해 앞머리는 커브 형으로 양옆으로 내려주고 양 옆머리는 귀 뒤로 넘기거나 볼을 드러낼 수 있도록 볼륨을 주면 턱선이 부드럽고 넓게 보인다.

두정부에 무거운 볼륨이나 극단적인 짧은 스타일은 피하며 헤어스타일의 길이는 턱선에서 어깨까지 길이가 이상적이며 목덜미에서 밖으로 휘어지는 바람머리 스타일은 가는 턱선을 둥그렇게 보이게 한다.

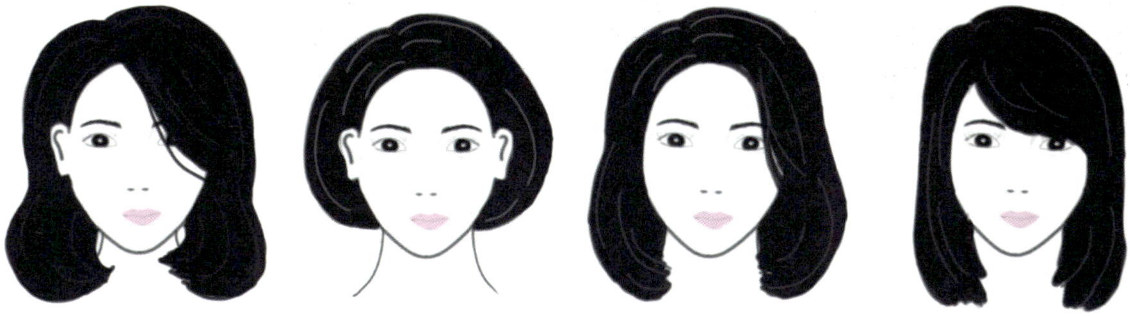

역삼각형 얼굴에 어울리는 헤어스타일

(4) 사각형

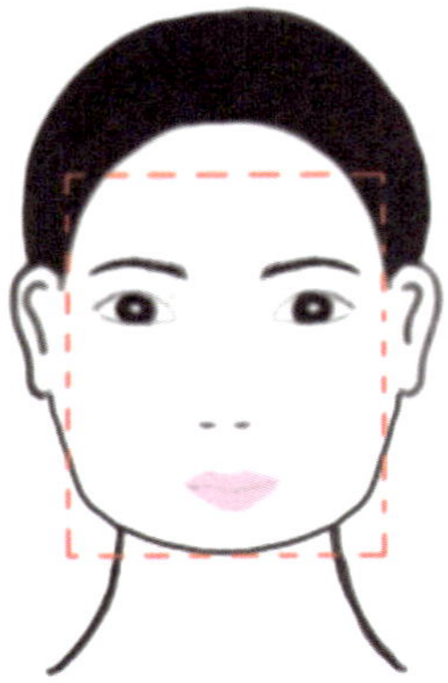

직선의 헤어라인과 직사각형의 턱선을 가진 넓은 얼굴이다.

헤어스타일의 포인트는 부드러운 곡선의 형태로 연출하는 것이 좋다. 톱 부분에 풍성한 볼륨을 구성하고 앞머리는 6:4 정도 가르마를 타고 한쪽은 큰 스윙의 커브를 내려주면서 볼을 감싸듯 턱선으로 안 말음이되는 비대칭 스타일이 사각진 느낌을 커버해준다. 톱 부분에 볼륨을 만들면서 층을 지게 커트하여 둥그렇게 입체감을 주면서 얼굴을 감싸듯 흐르는 헤어스타일은 넓은 얼굴을 축소 시켜준다. 볼륨이 많은 스타일, 차분하지 않은 바람머리 스타일은 사각진 얼굴을 더욱 확장 시키기에 피하는 것이 좋다.

사각형 얼굴에 어울리는 헤어스타일

(5) 마름모형

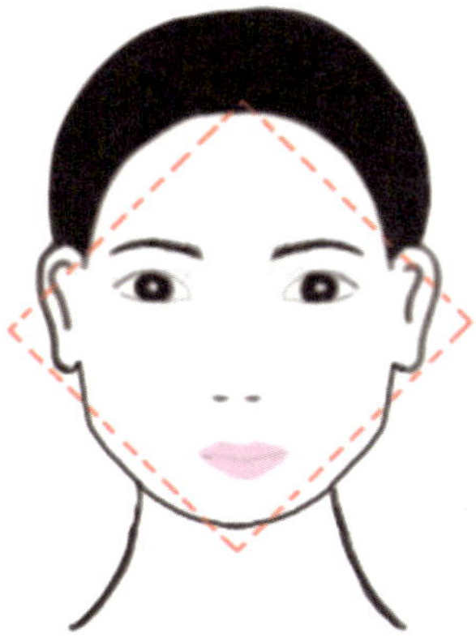

마름모형은 부드러운 곡선 스타일로 자연스럽게 연출한다. 좁은 이마 광대뼈는 과도하게 넓으며 턱의 선은 가늘다. 스타일 연출의 포인트는 좁은 이마와 가는 턱선을 부드럽게 보이게 하고 차갑게 보이는 이미지를 부드러운 스타일로 자연스러운 분위기를 연출하는 것이 좋다. 앞머리는 볼륨을 만들면서 뒤로 넘겨서 좁은 이마를 넓게 보이게 하거나 6:4 정도 가르마를 타고 앞머리가 페이스라인 부분에 약간 볼륨을 주면서 양쪽으로 내려주는 커브 스타일도 부드러운 인상을 준다. 사이드에 풍성한 스타일은 어울리지 않으며 광대뼈 라인을 약간 가리면서 떨어지는 스트레이트 헤어스타일은 얼굴 넓이를 축소시키는 효과가 있다. 이마 라인과 턱선에서의 부드러운 움직임의 곡선 헤어는 전체 얼굴 윤곽을 부드럽게 해준다. 짧은 헤어스타일은 피하는 것이 좋으며 귀 뒤로 넘기거나 들어 올리는 스타일은 어울리지 않는다.

마름모형 얼굴에 어울리는 헤어스타일

제 1 회 실전 모의고사

01 다음 중 퍼머넌트 웨이브가 잘 나올 수 있는 경우는?

① 오버프로세싱으로 시스틴이 지나치게 파괴된 경우
② 사전 샴푸 시 비누와 경수로 샴푸하여 두발에 금속염이 형성된 경우
③ 두발이 저항 성모이거나 발수성 모로서 경모인 경우
④ 와인딩 시 텐션(tension)을 적당히 준 경우

02 매직 스트레이트 헤어펌 설명으로 맞지 않은 것은?

① 모발을 곧게 펴주는 퍼머넌트다.
② 기존의 패널 스트레이트 퍼머넌트보다 매끄러운 머릿결을 연출할 수 있다.
③ 보통 3~4개월 동안 스타일을 유지할 수 있다.
④ 매직 스트레이트 헤어펌 시술 후 트리트먼트를 사용하지 않아도 건강한 머릿결이 유지된다.

03 모발의 케라틴 단백질은 pH에 따라 물에 대한 팽윤성이 변한다. 다음 중 가장 낮은 팽윤성을 나타내는 pH는?

① 1pH ② 4pH
③ 7pH ④ 9pH

04 퍼머넌트 웨이브 직후 헤어컬러를 하면 두피가 예민해져서 피부염을 일으키게 될 우려가 있다. 이 경우 최소 며칠 정도가 지나서 헤어컬러를 하는 것이 좋은가?

① 3일 후 ② 1주일 후
③ 20일 후 ④ 30일 후

05 스파이럴식 기법의 웨이브를 발표한 사람은?

① 마셀 그라또 ② 찰스 네슬레
③ 스피크먼 ④ 조셉 메이어

06 퍼머넌트 시술 시 비닐 캡의 사용 목적과 가장 거리가 먼 것은?

① 산화 방지 ② 온도 유지
③ 2제의 고정력 강화 ④ 1제의 작용 활성화

07 **시스테인 퍼머넌트에 대한 설명으로 틀린 것은?**

① 아미노산의 일종인 시스테인을 사용한 것이다.
② 환원제로 티오글리콜산염이 사용된다.
③ 모발에 대한 잔류성이 높아 주의가 필요하다.
④ 연모, 손상모의 시술에 적합하다.

08 **다음은 모발의 구조와 성질을 설명한 내용으로 맞지 않는 것은?**

① 두발은 주요 부분을 구성하고 있는 모표피, 모피질, 모수질 등으로 이루어졌으며, 주로 탄력성이 풍부한 단백질로 이루어져 있다.
② 케라틴은 다른 단백질에 비하여 유황의 함유량이 많은데, 황(s)은 시스틴(cystine)에 함유되어 있다.
③ 시스틴 결합(-s-s)은 알칼리에는 강한 저항력을 갖고 있으나 물, 알코올, 약산성이나 소금류에 대해서 약하다.
④ 케라틴의 폴리펩타이드는 쇠사슬 구조로서, 두발의 장축방향(長軸方向)으로 배열되어 있다.

09 **물에 적신 모발을 와인딩 한 후 펌제 1제를 도포하는 방법은?**

① 워터래핑 ② 슬래핑
③ 스파이럴 랩 ④ 크로키놀 랩

10 **펌제 1제 처리에 따른 프로세싱 중 언더 프로세싱의 설명으로 틀린 것은?**

① 언더프로세싱은 프로세싱 타임 이상으로 1제를 두발에 방치한 것을 말한다.
② 언더프로세싱일 때에는 컬의 형태가 약할 때이다.
③ 언더프로세싱일 때에는 처음에 사용한 솔루션보다 약한 1제를 다시 사용한다.
④ 1제를 처리 후 두발의 테스트 컬로 언더프로세싱 여부가 결정된다.

11 **황 결합이라고 불리는 결합은?**

① 시스틴 결합(cystine bond)
② 염 결합(salt bond)
③ 수소 결합(hydrogen bond)
④ 폴리펩타이드 결합(polypeptide bond)

12 **다음 중 맞게 짝지어진 것은?**

① 아이론 웨이브 - 1830년 프랑스, 무슈끄로와뜨
② 콜드 웨이브 - 1936년 영국, 스피크먼
③ 스파이럴 퍼머넌트 웨이브 - 1925년 영국, 조셉메이어
④ 크로키놀식 웨이브 - 1875년 프랑스, 마셀그라또

13 퍼머넌트 웨이브 후 두발이 자지러지는 원인이 아닌 것은?

① 사전 커트 시 두발 끝을 심하게 테이퍼링 한 경우
② 로드의 굵기가 너무 가는 것을 사용한 경우
③ 와인딩 시 텐션을 주지 않고 느슨하게 한 경우
④ 오버프로세싱을 하지 않은 경우

14 퍼머넌트 웨이브 시술 결과 컬이 강하게 형성된 원인과 거리가 먼 것은?

① 모발의 길이에 비해 너무 가는 로드를 사용한 경우
② pH가 높은 펌제를 선정한 경우
③ 프로세싱 시간이 긴 경우
④ 고무밴드가 강하게 걸린 경우

15 퍼머넌트 웨이브가 잘 나오지 않은 경우가 아닌 것은?

① 텐션을 주어 와인딩하였을 경우
② 사전 샴푸 시 비누와 경수로 샴푸하여 두발에 금속염이 형성된 경우
③ 두발이 저항모이거나 불수성모로 경모인 경우
④ 오버프로세싱으로 시스틴이 지나치게 파괴된 경우

16 펌제 2제의 취소산염류의 농도로 적절한 것은?

① 1~2% ② 3~5%
③ 6~7% ④ 8~10%

17 퍼머넌트 웨이브 시 두발 끝이 자지러지는 원인이 아닌 것은?

① 퍼머넌트 웨이브 1제을 도포하고 방치시간이 길었다.
② 두발 끝을 너무 테이퍼링 하였다.
③ 두발 끝을 블런트로 커팅 하였다.
④ 너무 가는 로드를 사용하였다.

18 헤어 퍼머넌트 시술 시 프로세싱 솔루션은?

① 제1제의 산화제이다.
② 제1제의 환원제이다.
③ 제2제의 산화제이다.
④ 제1제의 환원제이다.

19 다음 중 프로세싱 타임이 가장 짧게 적용되는 모발은?

① 경모 ② 저항성모
③ 발수성모 ④ 손상모

20 아이론 헤어펌 시술 시 알맞은 것은?

① 아이론의 온도는 관계없다.
② 아이론의 열이 두피에 전달되지 않도록 꼬리 빗을 모근 쪽에 대고 와인딩한다.
③ 연화 타임은 펌제 종류와 관계없이 사용한다.
④ 연화 테스트 후 충분하지 않으면 모발을 헹구고 재도포를 한다.

21 **매직 스트레이트 헤어펌 환원제 도포 시 알맞은 것은?**

① 1제 도포 시 손상모를 먼저 도포한다.
② 1제 도포 시 두피에 닿지 않게 도포하여 모발이 꺾어지는 현상은 방지한다.
③ 빠른 시간에 전체 모발에 고르게 도포해야 모발 손상을 줄일 수 있다.
④ 1제가 고르게 도포될 수 있도록 꼼꼼히 빗질을 반복해야 효과적이다.

22 **볼륨 매직 헤어펌 시술 전 모발진단에 필요한 요소가 아닌 것은?**

① 모발의 손상 정도를 확인한다.
② 멜라닌 색소 또는 피부톤을 확인한다.
③ 건성 또는 지방성 모발인지 확인한다.
④ 직모, 파상모, 축모 상태를 확인한다.

23 **다음 중 열 퍼머넌트 웨이브의 작업 과정에 해당하지 않는 것은?**

① 패치 테스트　　③ 연화 테스트
② 모발 건조　　④ 샴푸

24 **모발 끝부분에서 모근 쪽으로 갈수록 웨이브 폭이 커지는 것은?**

① 더블 와인딩
② 크로키놀식 와인딩
③ 스파이럴식 와인딩
④ 위빙 와인딩

25 **퍼머넌트 제2제에 관한 설명 중 옳은 것은?**

① 티로신 성분이다.
② 환원된 모발을 중화시켜 준다.
③ 두발의 구성 물질을 환원시키는 작용을 한다.
④ 시스틴의 구조를 변화시켜 갈라지게 한다.

26 **퍼머넌트 웨이브의 목적으로 적당하지 않은 것은?**

① 모발의 색상을 바꾸기 위해서
② 모발의 웨이브를 주기 위해서
③ 볼륨을 주거나 커트 후 헤어스타일을 만들기 위해서
④ 모발의 모질을 바꾸기 위해서

27 **퍼머넌트 웨이브의 원리로 적당하지 않은 것은?**

① 퍼머넌트 웨이브는 1제의 환원작용과 2제의 산화작용으로 이루어진다.
② 웨이브 1제는 주로 티오글리콜산이나 시스테인을 주성분으로 한다.
③ 2제의 환원작용은 알칼리제로 모발을 팽윤시키고 연화시킨다.
④ 환원제 성분 중의 수소(H)는 모발의 시스틴 결합을 절단시키는 작용을 한다.

28 **모발의 결합 중 아미노산의 알칼리성인 아미노기(NH/)와 산성인 카복실기(COOH-)가 공유 결합으로 결합 된 것은 무슨 결합인가?**

① 황결합　　② 수소결합
③ 펩타이드결합　　④ 염결합

29 모발 끝 선에서부터 시작되는 와인딩 기법으로 가장 보편적으로 많이 사용되는 기법으로 1925년 죠셉 메이어에 의해 고안된 와인딩 기법은?

① 크로키놀식 ② 압착식
③ 스파이럴식 ④ 고정식

30 헤어 퍼머넌트 시술 후 사용되는 샴푸제의 pH에 해당되는 것은?

① pH: 4.5 ~ 5.5
② pH: 7.5 ~ 8.5
③ pH: 5.5 ~ 6.5
④ pH: 8.5 ~ 9.5

제 1 회 실전 모의고사 정답

01	02	03	04	05	06	07	08	09	10
④	④	①	②	②	③	②	③	①	①
11	**12**	**13**	**14**	**15**	**16**	**17**	**18**	**19**	**20**
①	②	④	④	①	②	③	②	④	②
21	**22**	**23**	**24**	**25**	**26**	**27**	**28**	**29**	**30**
②	②	①	②	②	①	③	③	①	①

제 2 회 실전 모의고사

01 퍼머넌트 웨이브(permanent wave) 시술 시 두발에 대한 1제의 작용 정도를 판단하여 정확한 프로세싱 타임을 결정하고 웨이브의 형성 정도를 조사하는 것은?

① 패치 테스트 ② 스트랜드 테스트
③ 테스트 컬 ④ 컬러 테스트

02 콜드 퍼머넌트 시술 시 제2제의 작용은?

① 산화작용 ② 이화작용
③ 환원작용 ④ 연화작용

03 퍼머넌트 웨이브를 시술 시 사전과정에 관한 설명으로 잘못된 것은?

① 사전 샴푸 때 모발에 불순물이 많으면 퍼머넌트가 잘 안 되므로 두피를 힘 있게 마사지하여 깨끗하게 샴푸한다.
② 헤어 스타일을 결정할 때 고객의 얼굴형이나 미용사의 판단보다 고객의 의사가 최우선되어야 한다.
③ 사전 커트 때 지나치게 불규칙한 층을 많이 주면 와인딩이 어렵고, 지나친 테이퍼링은 손상을 줄 수 있다.
④ 모발의 손상이 심할 경우 퍼머넌트 전에 트리트먼트를 하는 것이 좋다.

04 크로키놀식 기법의 웨이브를 발표한 사람은?

① 마셀 그라또 ② 찰스 네슬러
③ 스피크먼 ④ 조셉 메이어

05 화학제품만의 작용에 의한 콜드 퍼머넌트 웨이브를 처음으로 성공시킨 사람은?

① 마셀 그라또 ② 조셉 메이어
③ J.B. 스피크먼 ④ 찰스 네슬러

06 콜드 퍼머넌트 웨이브(cold permanent wave) 1제의 주성분은?

① 과산화수소 ② 취소산나트륨
③ 티오글리콜산염 ④ 과붕산나트륨

07 건강 모발의 pH 범위는?

① pH 3~4 ② pH 4.5~5.5
③ pH 6.5~7.5 ④ pH 8.5~9.5

08 **매직 스트레이트 헤어펌 환원제 도포 후 모발을 헹구어 낼 때 알맞은 것은?**

① 알칼리성 샴푸로 모발을 헹군다.
② 미지근한 물로 모발을 비벼서 헹군다.
③ 트리트먼트로 샴푸하듯이 헹군다.
④ 플레인 샴푸로 모발을 깨끗이 헹군다.

09 **매직 스트레이트 헤어펌 시술 순서로 맞게 연결된 것은?**

① 건강모에 1차 도포 → 손상모에 2차 도포 → 중화제 도포
② 손상모에 1차 도포 → 헹구어 냄 → 중화제 도포
③ 건강모에 1차 도포 → 손상모 2차 도포 → 헹구어 냄 → 매직아이론 프레스 작업 → 중화제 도포
④ 손상모 1차 도포 → 손상모 2차 도포 → 헹구어 냄 → 매직아이론 프레스 작업 → 중화제 도포

10 **매직 스트레이트 헤어펌 시술 시 맞게 설명된 것은?**

① 시술 전 두피보호를 위해 사전 샴푸는 생략한다.
② 모발의 연화 작업이 끝나면 헹구지 말고 바로 시술한다.
③ 염색 모발 또는 손상모발의 연화는 신생모 부분에 먼저 환원제를 도포한다.
④ 프레스 작업 시 두피에 수분이 많으면 작업에 도움이 된다.

11 **매직 스트레이트 헤어펌 2제 사용방법으로 알맞은 것은?**

① 2제 도포 후 헹구어 낼 때 산성 샴푸 한 후 모발을 드라이어로 건조한다.
② 2제 도포 후 헹구어 낼 때 산성 샴푸와 트리트먼트를 사용하여 모발의 pH를 낮추어 준다.
③ 2제 도포 후 헹구어 낼 때 깨끗이 물로만 헹군다.
④ 2제 도포 시 두피까지 도포한다.

12 **아이론 사용 시 온도 설정은?**

① 모발 손상을 받지 않게 저온 약 60℃~70℃ 내에서 설정한다.
② 모발 건강 정도에 따라 약 120℃~160℃ 내에서 설정한다.
③ 항상 100℃에 맞추어 일정한 온도로 설정한다.
④ 스트레이트의 효과를 높이기 위해 200℃ 이상 설정한다.

13 **매직 스트레이트 헤어펌 작업 방법으로 맞지 않은 것은?**

① 섹션을 얇게 떠서 수분을 아이론으로 말려주는 느낌으로 꼼꼼히 크레스 작업을 한다.
② 매직 스트레이트 헤어펌 작업 시 작업속도는 되도록 느리게 하는 것이 좋다.
③ 모발이 꼬이지 않도록 잘 정돈하여 빗질한 상태에서 아이론이 지나가도록 한다.
④ 두상 부위에 따라 각도를 설정하여 볼륨을 주고 점차 포물선을 그리며 모발 끝쪽에서는 각도를 내려준다.

14 퍼머넌트 웨이브 시술 시 산화제 역할이 아닌 것은?

① 취소산나트륨(브롬산나트륨)이 들어 있다.
② 재결합된 컬을 고정시킨다.
③ 1제의 작용을 멈춘다.
④ 시스틴 결합을 분리

15 퍼머넌트 웨이브 시 비닐캡을 씌우는 목적 및 이유에 해당되지 않는 것은?

① 라놀린(lanolin)의 효과를 높여주므로 1제의 피부염 유발 위험을 줄인다.
② 체온의 방산(放散)을 막아 솔루션(solution)의 작용을 촉진한다.
③ 퍼머넌트 1제의 작용이 두발 전체에 골고루 진행되도록 돕는다.
④ 휘발성 알칼리(암모니아 가스)의 산일(散逸) 작용을 방지한다.

16 퍼머넌트 웨이브 시 시스틴의 결합을 절단하는 성분은?

① 취소산칼륨 ② 과산화수소
③ 취소산나트름 ④ 티오글리콜산

17 시스테인 퍼머넌트에 대해 바르게 설명된 것은?

① 트리트먼트 효과가 있다.
② 모발에 손상을 줄일 수 있다.
③ 시스테인(cysteine) 아미노산을 이용한다.
④ 모발에 잔류성이 낮은 편이다.

18 퍼머넌트 웨이브에서 제2제에 대해 바르게 설명된 것은?

① 프로세싱 솔루션에 해당된다.
② 환원작용을 한다.
③ 고정제라고도 불린다.
④ 알칼리성 특징을 가지고 있다.

19 블로킹에 대한 설명으로 옳은 것은?

① 로드를 말기 쉽도록 두상을 나누어 구획하는 것
② 두발의 밀도에 블로킹의 크기가 영향을 받지 않는다.
③ 두발의 굵기에 블로킹의 크기가 영향을 받지 않는다
④ 모든 사람은 동일한 블로킹의 크기로 진행한다.

20 볼륨 매직 헤어펌의 모발 결합은?

① 염 결합
② 시스틴 결합
③ 수소 결합
④ 폴리펩타이드 결합

21 매직 스트레이트 헤어펌 연화 테스트 방법으로 맞지 않는 것은?

① 모발이 부드럽게 변화되는 느낌으로 테스트한다.
② 모발을 비벼보면 까슬한 느낌이 있다.
③ 모발을 꺾어보면 쉽게 휘어진다.
④ 모발을 3~4가닥 당겨보았을 때 0.5~1배 장력이 생긴다.

22 **헤어 퍼머넌트 시술한 모발에 적절한 샴푸 종류는?**

① 알칼리 샴푸
② 웨트 샴푸
③ 약산성 샴푸
④ 중성 샴푸

23 **콜드 퍼머넌트 웨이브(cold permanent wave) 시술 시 모발의 진단 항목과 거리가 가장 먼 것은?**

① 경모 혹은 연모
② 발수성 모발
③ 모발의 성장주기
④ 헤어 컬러링 모발

24 **퍼머넌트 1제가 웨이브의 형성을 위해 주로 작용하는 모발의 부위는?**

① 모근 ② 모표피
③ 모피질 ④ 모수질

25 **퍼머넌트 웨이브 시 모발 내 시스틴 결합을 절단시키는 성분은?**

① 과산화수소
② 취소산칼륨
③ 브롬산나트륨
④ 티오글리콜산염

26 **퍼머넌트 웨이브 시술 시 주의사항으로 적당하지 않은 것은?**

① 퍼머넌트 와인딩 후 스틱(stick)을 이용하여 고무 밴드 자국이 남지 않도록 한다.
② 퍼머넌트 웨이브 디자인에 따른 올바른 로드 선정에 주의한다.
③ 고객의 옷이나 안면에 펌제가 묻지 않도록 세심한 주의를 기울인다.
④ 로드 자국이 남지 않도록 쇼트 헤어(short hair)의 경우 정사각형 섹션으로 시술한다.

27 **퍼머넌트 웨이브 시술 후 주의사항 중 적당하지 않은 것은?**

① 웨이브가 고착되지 않았기 때문에 시술 후 48시간 이내에 샴푸 하지 않는다.
② 퍼머넌트 웨이브 시술을 저녁에 했을 경우 수분감을 유지하며 취침한다.
③ 퍼머넌트 웨이브 후 염색은 1주 후에 한다.
④ 염색 후 퍼머넌트 웨이브는 최소한 2주 후에 한다.

28 **모발 끝부터 모근 쪽으로 와인딩 하는 크로키놀식 와인딩에 해당하지 않는 것은?**

① 호리존탈(가로와인딩)
② 스파이럴식(트위스트)
③ 버티컬(세로와인딩)
④ 다이애거널(사선 와인딩)

29 **퍼머넌트 웨이브 시술에서 산화제의 역할이 아닌 것은?**

① 퍼머넌트 웨이브의 작용을 계속 진행 시킨다.
② 1액의 화학적 작용을 멈추게 한다.
③ 시스테인 결합을 재결합시킨다.
④ 1액이 작용한 형태의 컬로 고정시킨다.

30 **다음 중 퍼머넌트 웨이브의 목적으로 적합하지 않은 것을 고르시오.**

① 시대에 맞는 스타일 연출에 목적이 있다.
② 모류의 방향성을 보정하는 데 목적이 있다.
③ 헤어 손질을 용이하게 하는 목적이 있다.
④ 길이를 감소시키고 부드러움을 주는 목적이 있다.

제 2 회

실전 모의고사 정답

01	02	03	04	05	06	07	08	09	10
③	①	①	④	③	③	②	④	③	③
11	**12**	**13**	**14**	**15**	**16**	**17**	**18**	**19**	**20**
②	②	②	④	①	④	④	③	①	③
21	**22**	**23**	**24**	**25**	**26**	**27**	**28**	**29**	**30**
②	③	③	③	④	④	②	②	①	④

APPLICATION

HAIR PERM

N C S 기 반 응 용 헤 어 펌

CHAPTER 02

실기편

1 매직스트레이트 헤어펌

1) 준비물

가발, 홀더, 분무기, 헤어밴드, 플랫아이론, 1제 환원제(processing solution), 2제 산화제(neutralizer), 전·후처리 제품, 볼, 브러시, 아이론 빗, 드라이기, 벨크로, 랩, 가운, 샴푸, 린스, 타월, 어깨 보 등을 준비한다.

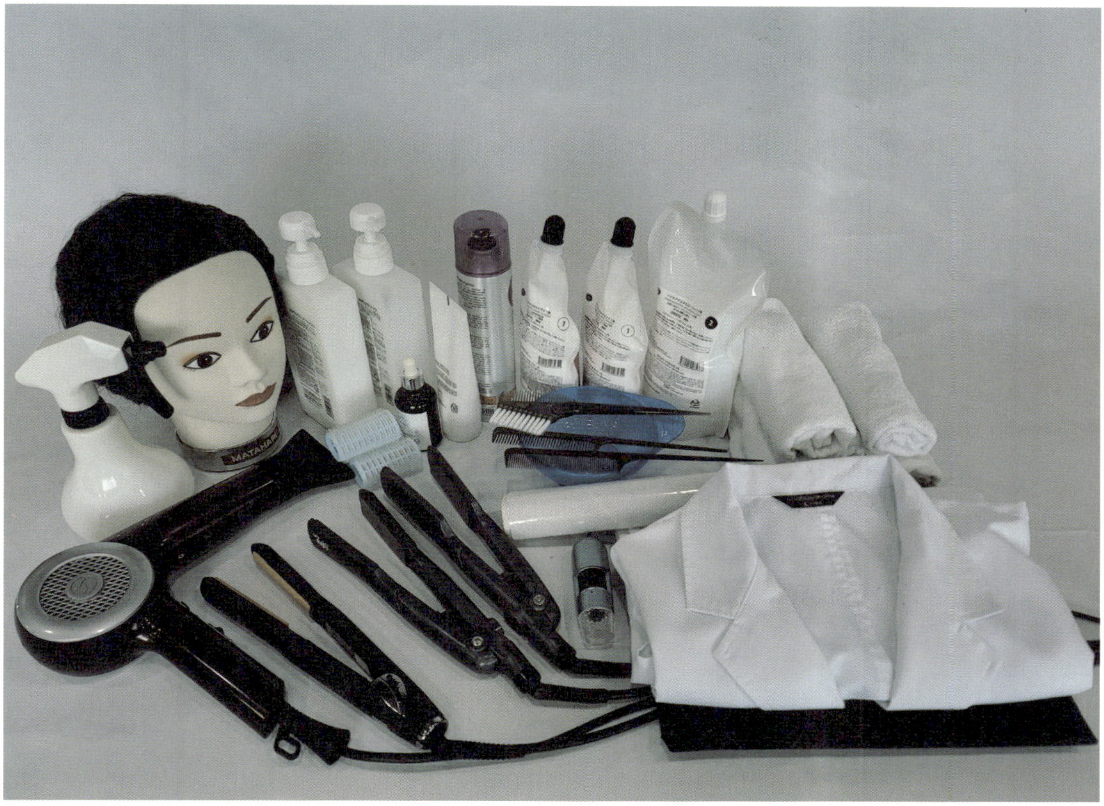

완성작품

전면

후면

우측면

좌측면

2) 매직스트레이트 헤어펌 실기

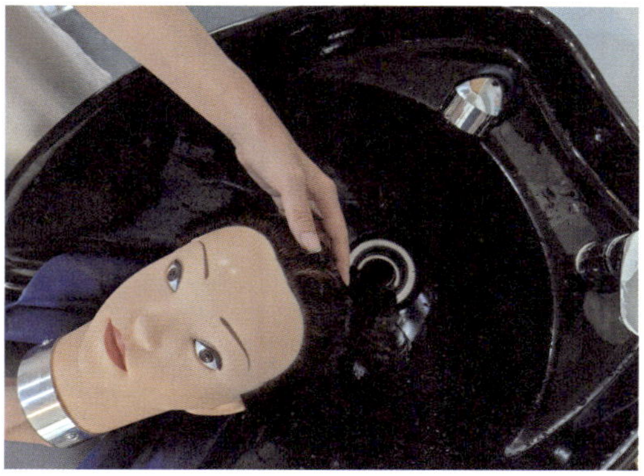

1. 시술 전 모발진단과 이물질을 제거하기 위해 샴푸한다.

2. 모발 건강상태를 진단한다.

3. 시술 전 모발 손상 부위에 간충물질을 도포한다.

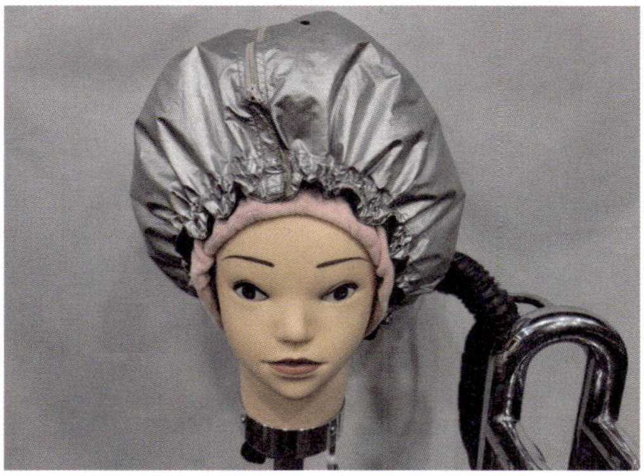

4. 미스트기를 사용하여 모발 손상 부위에 도포한 간충물질을 흡수시킨다.

5. 모발 상태를 고려하여 두피에서 1cm를 띄워 버진헤어부터 환원제 균일하게 도포한다.

6. 골덴 포인트부터 모발이 눌러져 모발이 꺾이는 것 방지하기 위해 스트랜드 각도를 잡고 벨크로를 받쳐준다.

7. 랩핑 처리 후 에어 롤을 사용하여 환원 과정을 촉진시킨다.

8. 연화 테스트 방법은 손으로 만졌을 때 부드러운 느낌, 모발 접어보기, 3~5가닥을 당겼을 때 1.5~2배 늘어졌다가 원래 상태로 되돌아가는 정도면 적당하다.

9. 연화 상태가 끝나면 미온수로 펌제가 남아있지 않도록 깨끗이 헹군다.

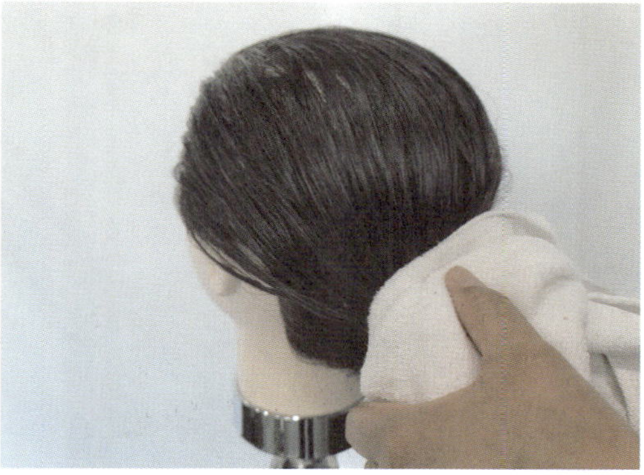

10. 타월 드라이 후 열보호 제품을 도포한다.

11. 수분이 많을 때 미온풍 수분이 적어지면 냉풍으로 완전히 드라이한다.

12. 모발 건강상태에 따라 플랫아이론의 온도 설정을 한 후 네이프 부분은 스트랜드 약 45°로 프레스 시술한다.

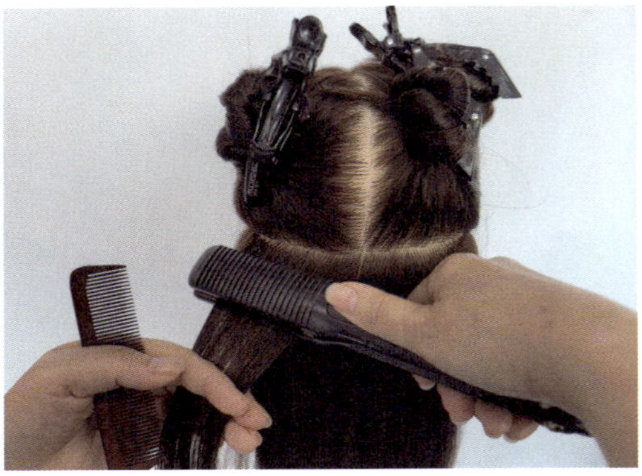

13. 백 포인트 부분은 스트랜드 약 60°로 프레스 시술한다.

14. 블로킹 나눈 부분이 갈라지지 않도록 시술자의 포지션을 정확히 한다.

15. 모근 부분이 한 방향으로 쏠리면 시술 과정에서 모류 흐름을 교정하면서 시술한다.

16. 골덴포인트 부분은 스트랜드 약 90° 이상으로 프레스 시술한다.

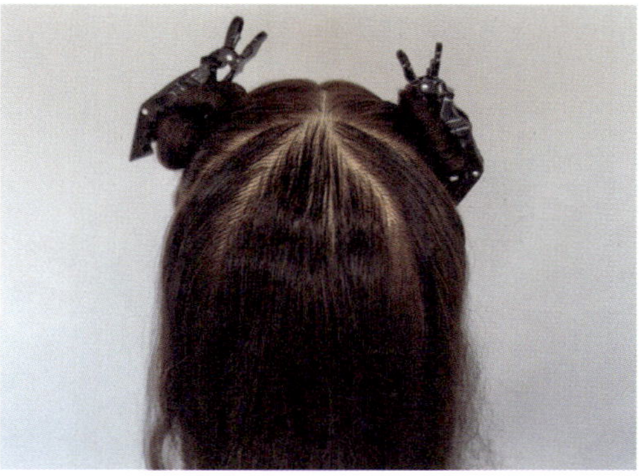

17. 톱 포인트에서 피봇 파팅으로 분배하여 모류 흐름을 자연스럽게 시술한다.

18. 포인트 부분은 스트랜드 약 120° 이상으로 프레스 시술한다.

19. 사이드 부분은 블로킹 자국이 생기지 않도록 이어 백 부분의 모발을 약 1cm 정도 가지고 와서 시술한다.

20. 이어 포인트 부분은 스트랜드 약 45°로 프레스 시술한다.

21. 이어 톱 미디움 포인트 부분은 스트랜드 약 90°로 프레스 시술한다.

22. 톱 포인트 부분은 스트랜드 약 120° 이상으로 프레스 시술한다.

23. 반대편 사이드는 동일한 방법으로 시술한다.

24. 프레스 작업을 끝나면 모발이 꺾이거나 눌리지 않도록 2제를 도포하여 자연방치 한다.

25. 중화 타임이 끝나면 미온수로 깨끗이 헹군 후 약산성 컨디셔너를 사용하여 pH 벨런스를 맞춰준다.

26. 에센스 도포 후 프레스 작업을 한번 더하며 마무리한다.

<table>
<tr><th colspan="6">실기평가</th></tr>
<tr><td>교과목명</td><td colspan="3"></td><td>담당교수</td><td>(인)</td></tr>
<tr><td>능력단위명
(능력단위코드)</td><td colspan="3"></td><td>평가자</td><td>(인)</td></tr>
<tr><td>능력단위요소</td><td colspan="3"></td><td>평가유형</td><td></td></tr>
<tr><td>평가일</td><td></td><td>평가시간</td><td></td><td rowspan="2">득점</td><td rowspan="2"></td></tr>
<tr><td>학습자</td><td></td><td>학번</td><td></td></tr>
<tr><td>평가문항
(수행내용)</td><td colspan="5"></td></tr>
<tr><td rowspan="6">과제물</td><td colspan="2">헤어펌 준비하기</td><td colspan="3">헤어펌하기 ①</td></tr>
<tr><td colspan="2"></td><td colspan="3"></td></tr>
<tr><td colspan="2">헤어펌하기 ②</td><td colspan="3">헤어펌하기 ③</td></tr>
<tr><td colspan="2"></td><td colspan="3"></td></tr>
<tr><td colspan="2">헤어펌하기 ④</td><td colspan="3">헤어펌하기 ⑤</td></tr>
<tr><td colspan="2"></td><td colspan="3"></td></tr>
</table>

<table>
<tr><th colspan="3">실기평가</th></tr>
<tr><td rowspan="4">와인딩 완성</td><td>앞면</td><td>뒷면</td></tr>
<tr><td></td><td></td></tr>
<tr><td>우측면</td><td>좌측면</td></tr>
<tr><td></td><td></td></tr>
<tr><td>시술 개요</td><td colspan="2"></td></tr>
</table>

2 볼륨매직 헤어펌

1) 준비물

가발, 홀더, 분무기, 헤어밴드, 반원형 아이론, 1제 환원제(processing solution), 2제 산화제(neutralizer), 전·후처리 제품, 볼, 브러시, 아이론 빗, 드라이기, 벨크로, 랩, 가운, 샴푸, 린스, 타월, 어깨 보 등을 준비한다.

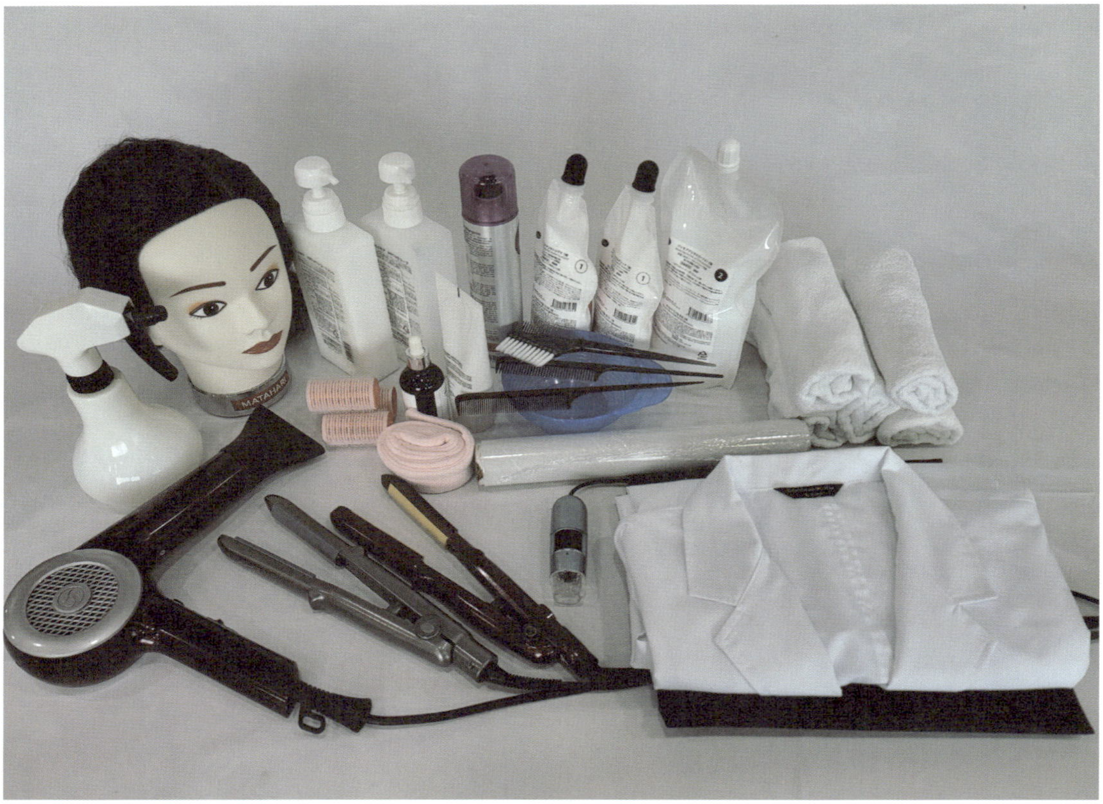

완성작품

전면

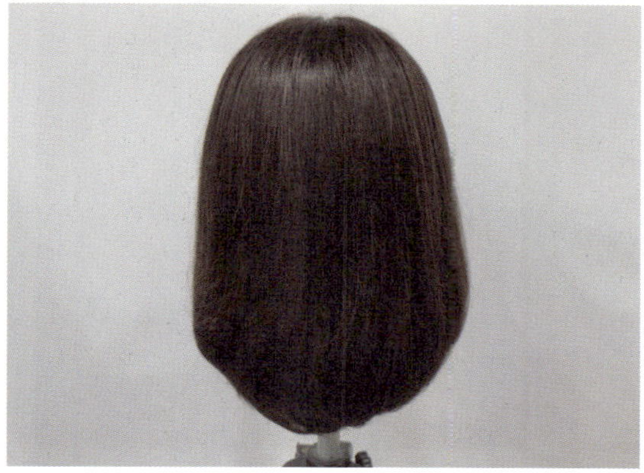

후면

우측면

좌측면

2) 볼륨 매직 헤어펌 실기

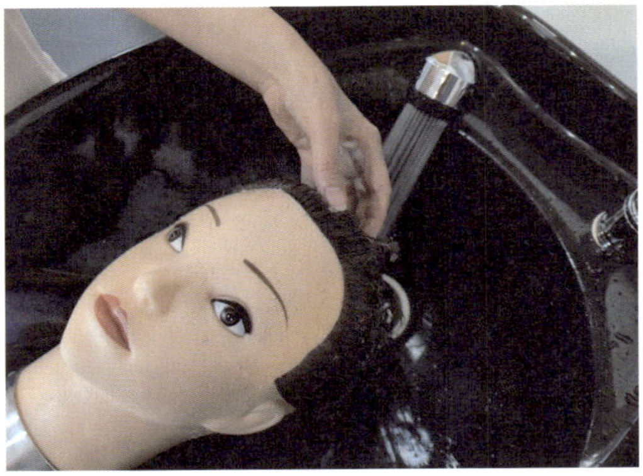

1. 시술 전 모발진단과 이물질을 제거하기 위해 샴푸한다.

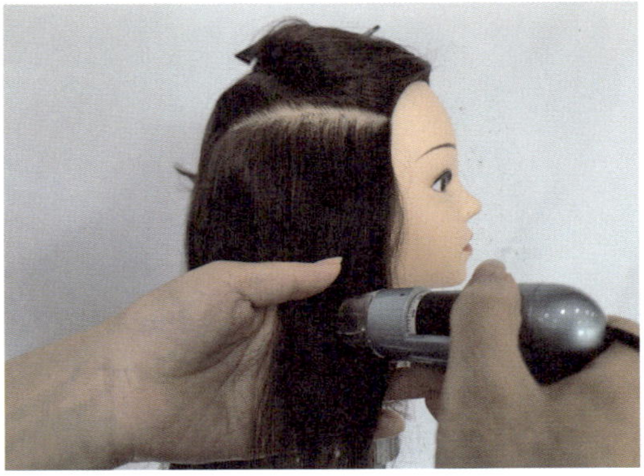

2. 모발 건강상태를 진단한다.

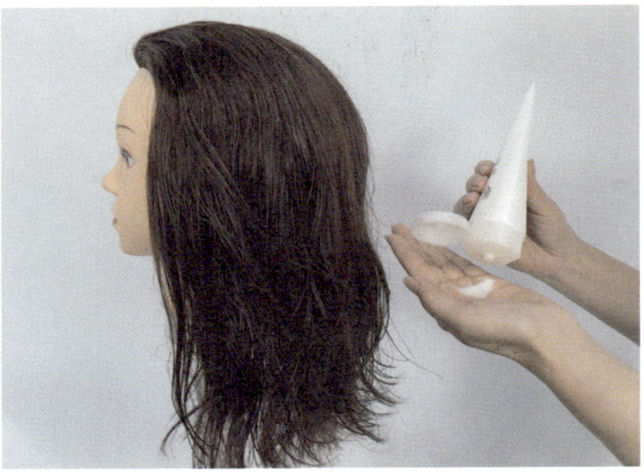

3. 시술 전 모발 손상 부위에 간충물질을 도포한다.

4. 모발 손상 부위에 도포한 간충물질을 흡수시킨다.

5. 모발 상태를 고려하여 두피에서 1cm를 띄워 버진헤어부터 환원제를 균일하게 도포한다.

6. 골덴 포인트부터 모발이 눌러져 모발이 꺾이는 것을 방지하기 위해 스트랜드 각도를 잡고 벨크로를 받쳐준다.

7. 랩핑 처리 후 에어 롤을 사용하여 환원 과정을 촉진시킨다.

8. 연화 테스트 방법은 손으로 만졌을 때 부드러운 느낌, 모발 접어보기, 3~5가닥을 당겼을 때 1.5~2배 늘어졌다가 원래 상태로 되돌아가는 정도면 적당하다.

9. 연화 상태가 끝나면 미온수로 펌제가 남아 있지 않도록 깨끗이 헹군다.

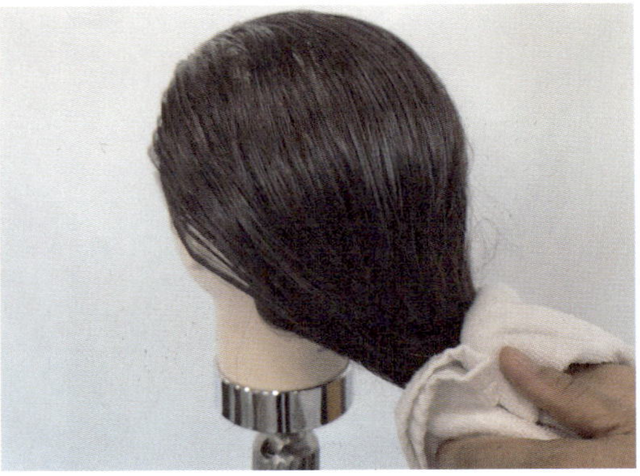

10. 타월 드라이한다.

11. 수분이 많을 때 미 온풍 수분이 적어지면 냉풍으로 드라이한다.

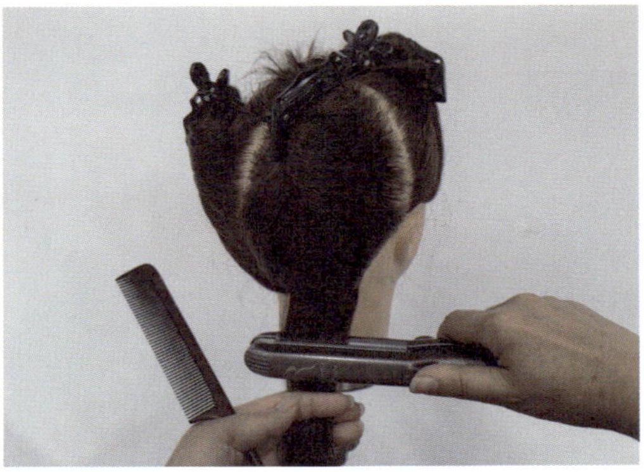

12. 모발 건강상태에 따라 반원형 이론의 온도 설정을 한 후 네이프 부분은 스트랜드 약 45°로 포물선 형태로 진행하면서 모선 끝부분은 한 바퀴 이상 와인딩한다.

13. 백 포인트 부분은 스트랜드 약 90° 이상으로 포물선 형태로 진행하면서 모선 끝부분은 한 바퀴 이상 와인딩한다.

14. 블로킹 나눈 부분이 갈라지지 않도록 시술자의 포지션을 정확히 한다.

15. 골덴포인트 부분은 스트랜드 각도 약 120° 이상으로 포물선 형태로 진행하면서 모선 끝부분은 한 바퀴 이상 와인딩한다.

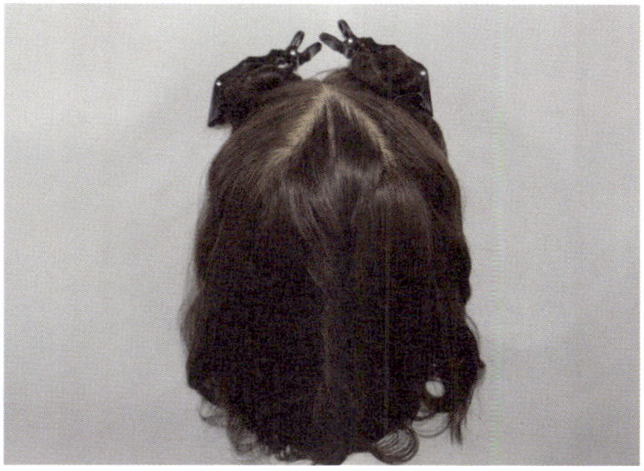

16. 톱 포인트에서 피봇 파팅으로 분배하여 모류 흐름이 흐트러지지 않도록 자연스럽게 시술한다.

17. 톱 포인트 부분은 스트랜드 약 140° 이상으로 지나친 텐션을 주지 않고 모선 끝부분은 한 바퀴 정도 와인딩한다.

18. 블로킹 나눈 부분이 갈라지지 않도록 이어 백 부분의 모발을 약 1cm 정도 가지 고와 포지션을 정확히 한 후 시술한다.

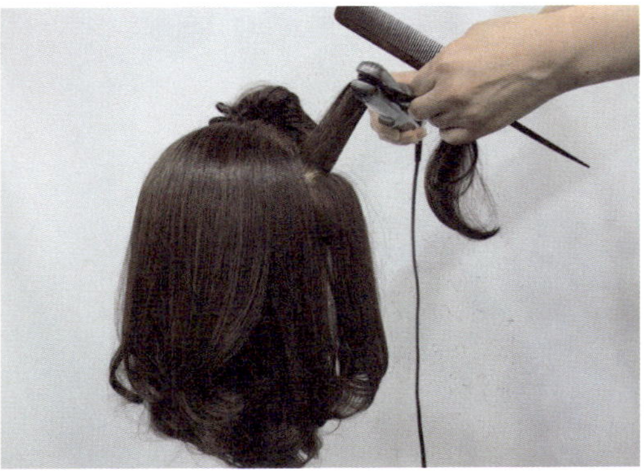

19. 이어 톱 미디움 포인트 부분은 스트랜드 약 120°로 지나친 텐션을 주지 않고 모선 끝부분은 한 바퀴 반 정도 와인딩한다.

20. 톱 포인트 부분은 스트랜드 약 140°로 지나친 텐션을 주지 않고 포물선 형태로 내려오면서 모선 끝부분은 한 바퀴 정도 와인딩한다.

21. 반대편 사이드는 동일한 방법으로 시술한다.

22. 지나친 텐션을 주지 않고 모선 끝부분은 한 바퀴 반 정도 와인딩한다.

23. 텐션을 주지 않고 포물선 형태로 내려오면서 모선 끝부분은 한 바퀴 정도 와인딩 한다.

24. 아이론 시술이 끝나면 스트랜드를 시술 각도와 같이 하여 벨크로로 와인딩한다.

25. 벨크로로 와인딩한 후 분무 중화한다.

26. 중화 타임이 끝나면 미온수로 깨끗이 헹군 후 약산성 컨디셔너를 사용하여 pH 밸런스를 맞춰준다.

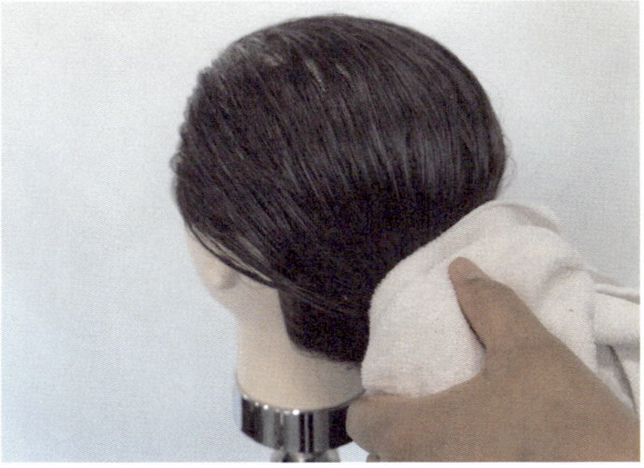

27. 타월 드라이 후 미온 풍으로 드라이한다.

28. 에센스 도포 후 미온 풍으로 다시 세팅한다.

<table>
<tr><th colspan="6">실기평가</th></tr>
<tr><td>교과목명</td><td colspan="3"></td><td>담당교수</td><td>(인)</td></tr>
<tr><td>능력단위명
(능력단위코드)</td><td colspan="3"></td><td>평가자</td><td>(인)</td></tr>
<tr><td>능력단위요소</td><td colspan="3"></td><td>평가유형</td><td></td></tr>
<tr><td>평가일</td><td></td><td>평가시간</td><td></td><td rowspan="2">득점</td><td rowspan="2"></td></tr>
<tr><td>학습자</td><td></td><td>학번</td><td></td></tr>
<tr><td>평가문항
(수행내용)</td><td colspan="5"></td></tr>
<tr><td rowspan="6">과제물</td><td colspan="2">헤어펌 준비하기</td><td colspan="3">헤어펌하기 ①</td></tr>
<tr><td colspan="2"></td><td colspan="3"></td></tr>
<tr><td colspan="2">헤어펌하기 ②</td><td colspan="3">헤어펌하기 ③</td></tr>
<tr><td colspan="2"></td><td colspan="3"></td></tr>
<tr><td colspan="2">헤어펌하기 ④</td><td colspan="3">헤어펌하기 ⑤</td></tr>
<tr><td colspan="2"></td><td colspan="3"></td></tr>
</table>

<table>
<tr><th colspan="3">실기평가</th></tr>
<tr><td rowspan="4">와인딩 완성</td><td>앞면</td><td>뒷면</td></tr>
<tr><td></td><td></td></tr>
<tr><td>우측면</td><td>좌측면</td></tr>
<tr><td></td><td></td></tr>
<tr><td>시술 개요</td><td colspan="2"></td></tr>
</table>

3 투 블록 아이론펌

1) 준비물

가발, 홀더, 분무기, 원형 아이론, 1제 환원제(processing solution), 2제 산화제(neutralizer), 전. 후처리 제품, 볼, 브러시, 아이론 빗, 드라이기, 가운, 헤어밴드, 샴푸, 린스, 타월, 어깨 보 등을 준비한다.

완성작품

전면

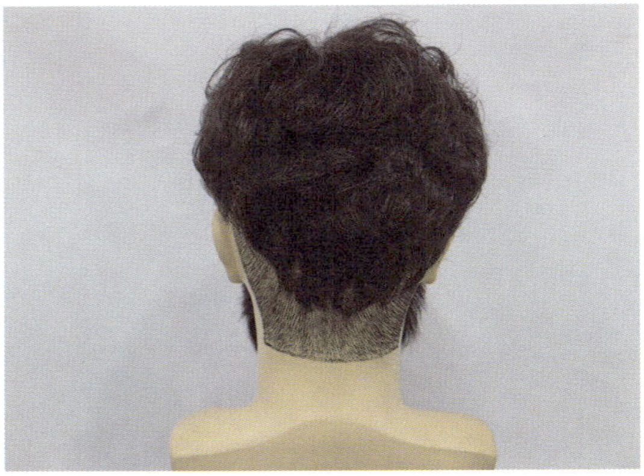

후면

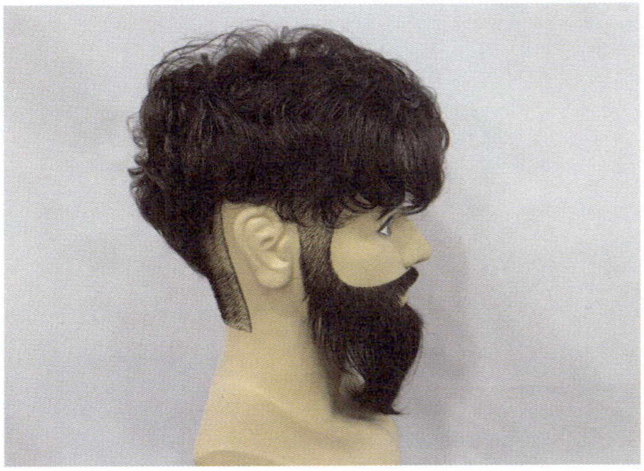

우측면

좌측면

2) 투 블록 아이론펌 실기

1. 시술 전 모발진단과 이물질을 제거하기 위해 샴푸한다.

2. 모발 건강상태를 진단한다.

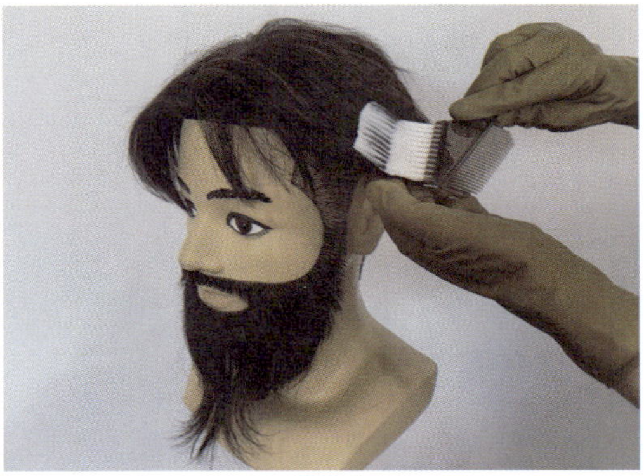

3. 모발 상태에 따라 펌제 선정을 하고 두피에서 약 1cm 띄워서 도포하여 자연방치 한다.

4. 환원 상태를 확인한 후 펌제가 남아 있지 않도록 깨끗이 헹군다.

5. 모발 손상을 방지하기 위해 열 보호 제품을 도포하고 디자인에 적합한 아이론 선택과 온도 설정을한다.

6. 아이론의 온도는 120°C~160°C 정도 설정하고 디자인을 고려하여 포워드 또는 리버스 방향으로 와인딩한다.

7. 아이론이 빠져나올 때 와인딩 반대 방향으로 아이론을 반바퀴정도 회전시키고 프롱과 글러브 사이에 빗살을 고정시킨 후 빠져나온다.

8. 디자인을 고려하여 톱 부분이 아이론 기기를 2mm 낮게 선정하였다.

9. 스트랜드는 일반 시술 각도 90°로 설정하고 와인딩한다.

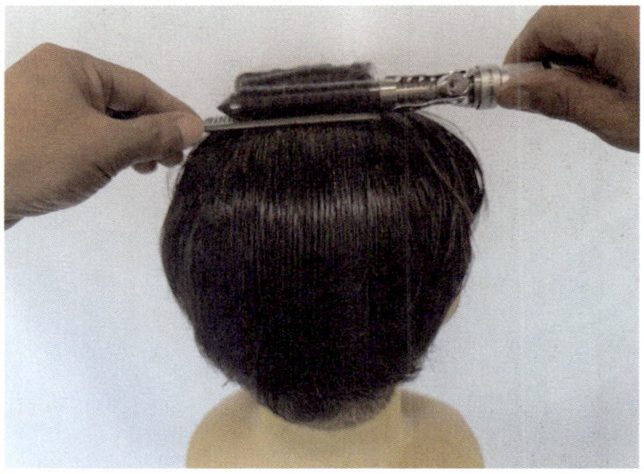

10. 아이론에서 발생하는 열로 두피를 보호하기 위해 빗은 아이론과 두피 사이에 위치하게한다.

11. 디자인에 따라 와인딩 각도는 다르게 할 수 있으며 적정한 텐션을 주어 와인딩한다.

12. 와인딩 된 부분이 흐트러지지 않도록 시술한다.

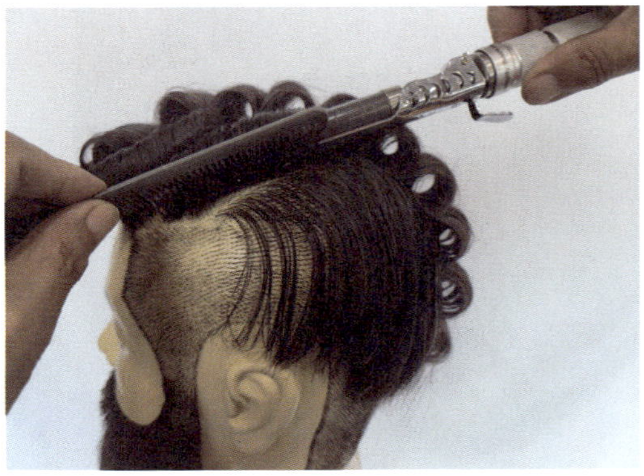

13. 아이론과 두피 사이에 위치해 있던 빗은 모발이 흐트러지지 않게 빗살로 잡아주고 아이론이 천천히 빠져나오게한다.

14. 아이론이 빠져나오면 모발에 전도된 열이 식을 때까지 빗살로 잡아준다.

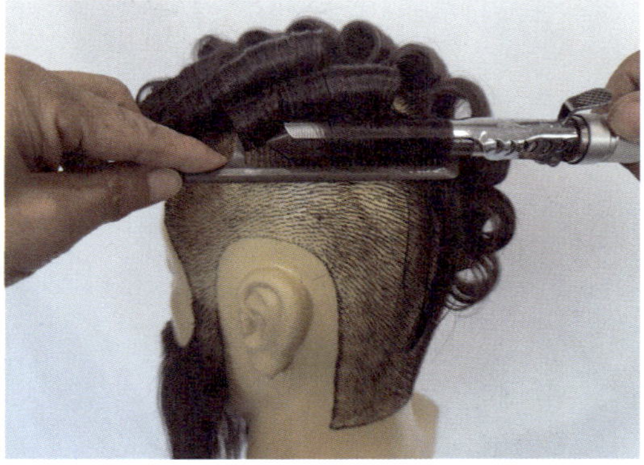

15. 헤어 디자인과 두상 위치에 따라 스트랜드 각도를 다르게 할 수 있다.

16. 가장자리 부분은 웨이브를 자연스럽게 하기 위해 모선 끝부분만 와인딩 한다.

17. 반대편 사이드는 동일한 방법으로 시술한다.

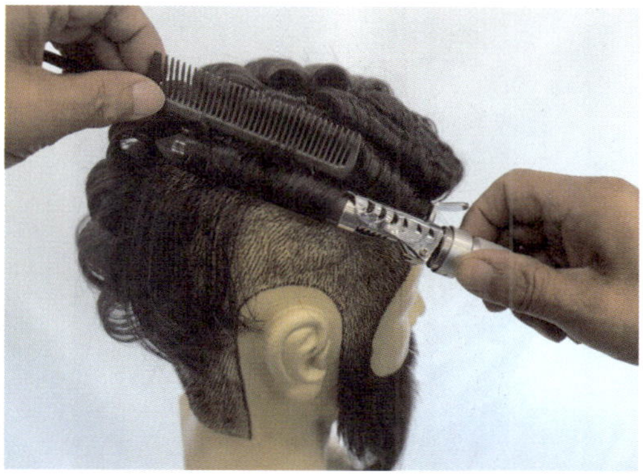

18. 이 전에 와인딩 된 곳이 흐트러지지 않도록 짧은 모발이 와인딩 될 때 빗등으로 받쳐준다.

19. 가장자리 부분은 웨이브를 자연스럽게 하기 위해 모선 끝부분만 와인딩한다.

20. 와인딩 완성 앞면

21. 와인딩 완성 옆면

22. 헤어밴드를 착용하고 모발이 흐트러지는 것을 방지하기 위해 중화 망을 씌워주고 분무 중화한다.

23. 중화 타임이 끝나면 미온수로 깨끗이 헹군 후 약산성 컨디셔너를 사용하여 pH 밸런스를 맞춰준다.

24. 타월 드라이 후 미온 풍으로 드라이한다.

25. 에센스 도포 후 미온 풍으로 핸드드라이로 마무리한다.

실기평가

<table>
<tr><td>교과목명</td><td colspan="3"></td><td>담당교수</td><td>(인)</td></tr>
<tr><td>능력단위명
(능력단위코드)</td><td colspan="3"></td><td>평가자</td><td>(인)</td></tr>
<tr><td>능력단위요소</td><td colspan="3"></td><td>평가유형</td><td></td></tr>
<tr><td>평가일</td><td></td><td>평가시간</td><td></td><td rowspan="2">득점</td><td rowspan="2"></td></tr>
<tr><td>학습자</td><td></td><td>학번</td><td></td></tr>
<tr><td>평가문항
(수행내용)</td><td colspan="5"></td></tr>
<tr><td rowspan="6">과제물</td><td colspan="2">헤어펌 준비하기</td><td colspan="3">헤어펌하기 ①</td></tr>
<tr><td colspan="2"></td><td colspan="3"></td></tr>
<tr><td colspan="2">헤어펌하기 ②</td><td colspan="3">헤어펌하기 ③</td></tr>
<tr><td colspan="2"></td><td colspan="3"></td></tr>
<tr><td colspan="2">헤어펌하기 ④</td><td colspan="3">헤어펌하기 ⑤</td></tr>
<tr><td colspan="2"></td><td colspan="3"></td></tr>
</table>

실기평가		
와인딩 완성	앞면	뒷면
	우측면	좌측면
시술 개요		

4 디지털 헤어펌

1) 준비물

가발, 홀더, 분무기, 헤어밴드, 디지털기기, 퍼머넌트 1제 환원제(processing solution), 퍼머넌트 2제 산화제(neutralizer), 전·후처리 제품, 볼, 브러시, 꼬리 빗, 고무밴드, 페이퍼, 드라이기, 벨크로, 랩, 가운, 샴푸, 린스, 타월, 어깨 보 등을 준비한다.

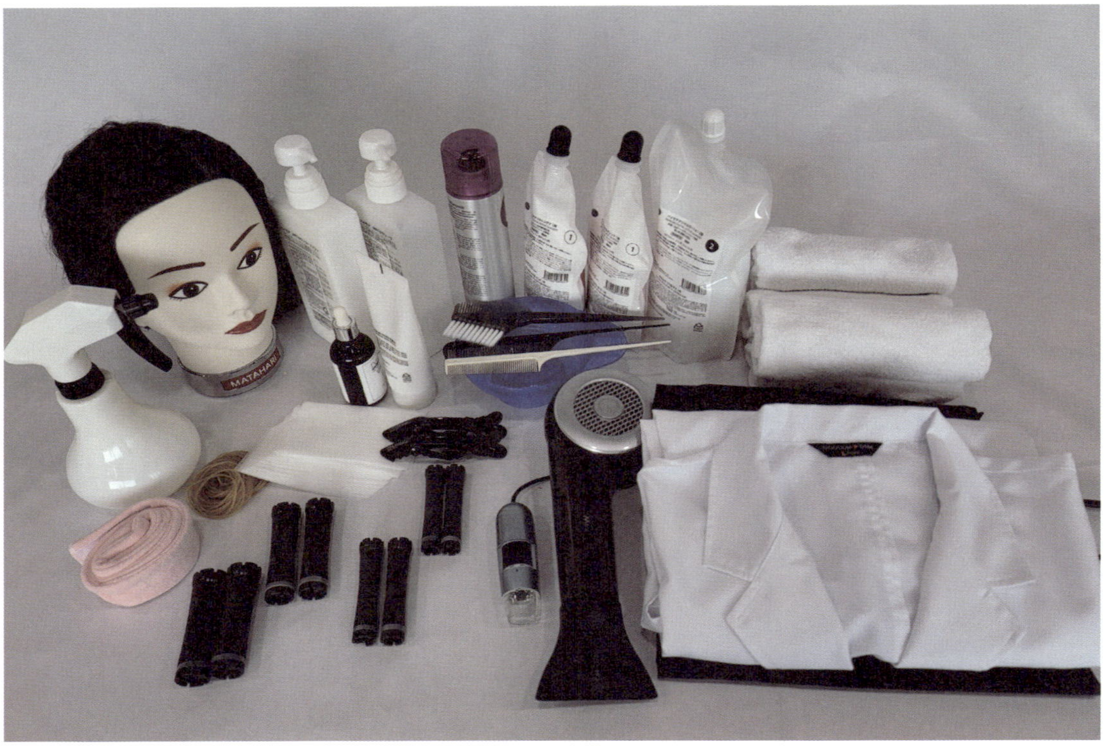

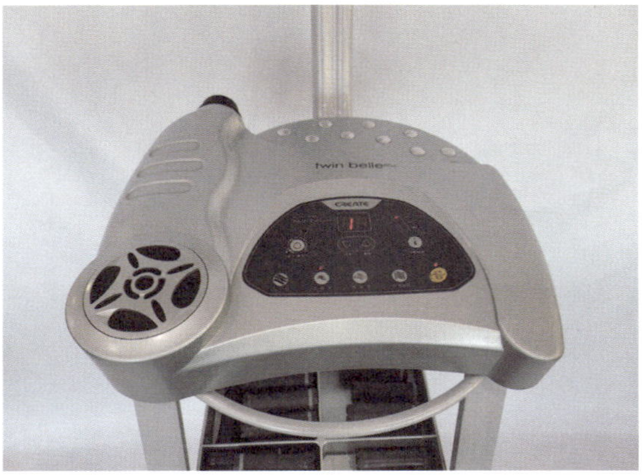

완성작품

전면

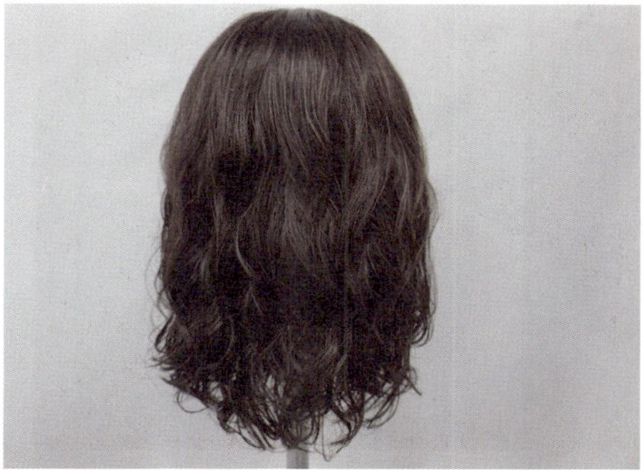

후면

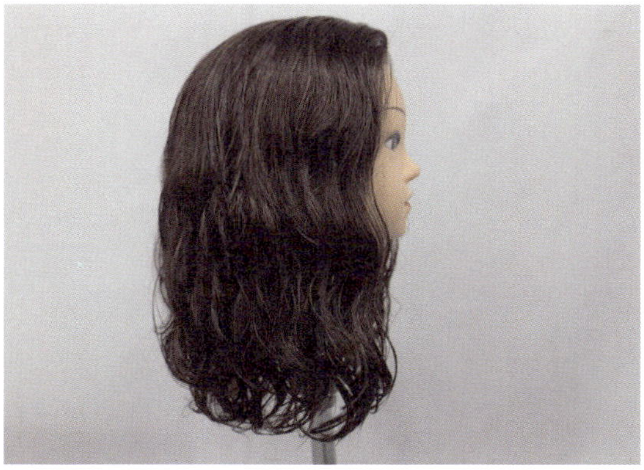

우측면

좌측면

2) 디지털 헤어펌 실기

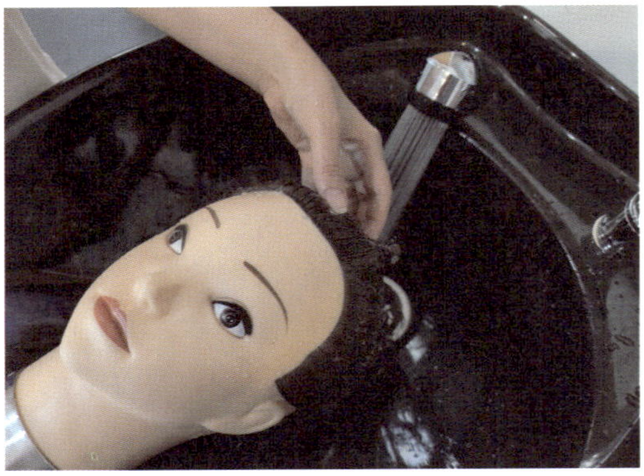

1. 시술 전 모발진단과 이물질을 제거하기 위해 샴푸한다.

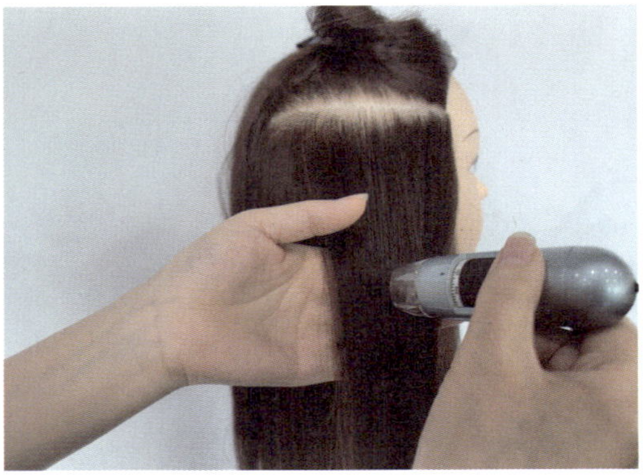

2. 모발 건강상태를 진단한다.

3. 시술 전 모발 손상 부위에 간충물질을 도포한다.

4. 모발 손상 부위에 도포한 간충물질을 흡수시킨다.

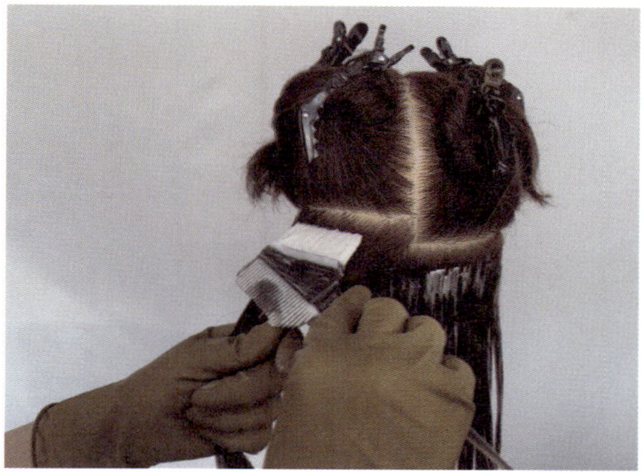

5. 모발 상태를 고려하여 두피에서 1cm를 띄워 버진헤어부터 환원제를 균일하게 도포한다.

6. 골덴 포인트부터 모발이 눌러져 모발이 꺾이는 것을 방지하기 위해 스트랜드 각도를 잡고 벨크로를 받쳐준다.

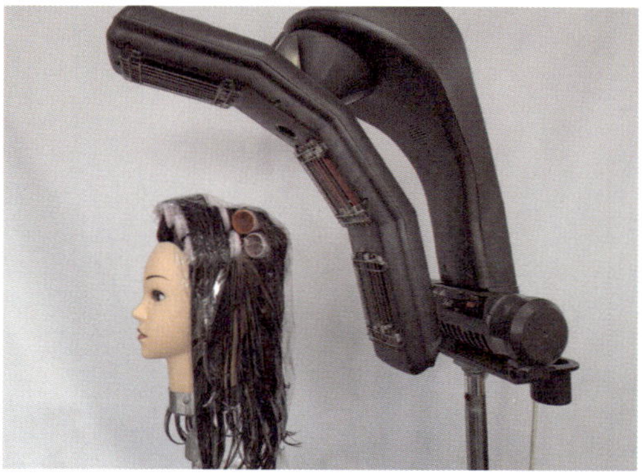

7. 랩핑 처리 후 에어 롤을 사용하여 환원 과정을 촉진시킨다.

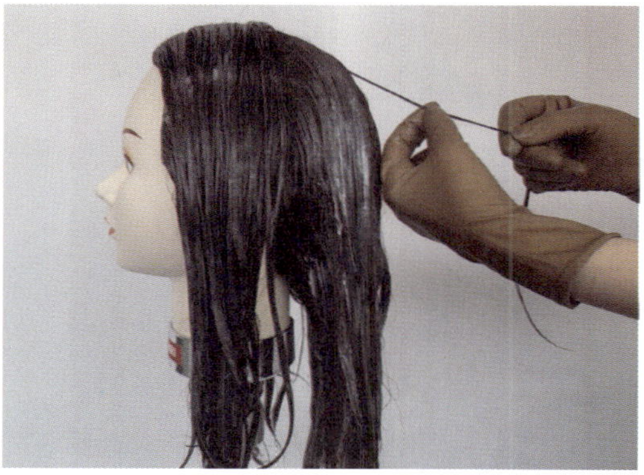

8. 연화 테스트 방법은 손으로 만졌을 때 부드러운 느낌, 모발 접어보기, 3~5가닥을 당겼을 때 1.5~2배 늘어졌다가 원래 상태로 되돌아가는 정도면 적당하다.

9. 연화 상태가 끝나면 미온수로 펌제가 남아 있지 않도록 깨끗이 헹구어준다.

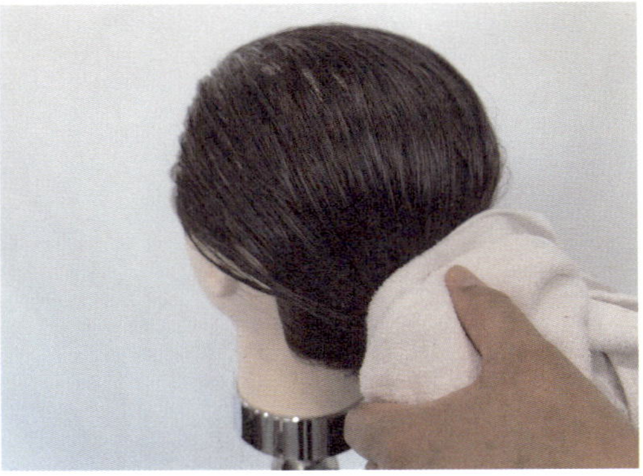

10. 타월 드라이 후 열보호 제품을 도포한다.

11. 드라이기를 사용하여 미온풍으로 수분이 약 30% 정도 남겨두고 열 보호 제품을 도포한다.

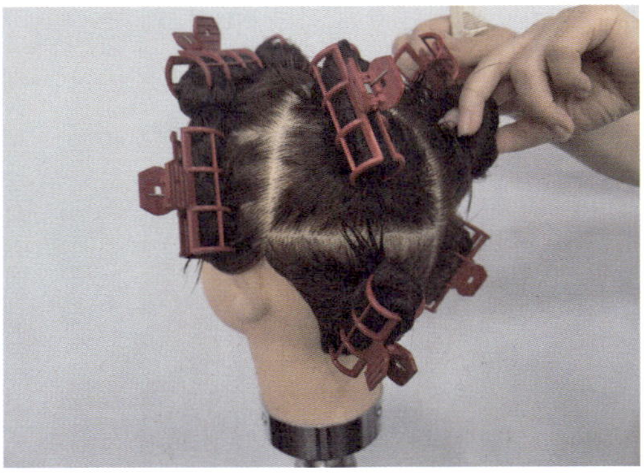

12. 디자인을 고려하여 블로킹을 나눈다.

13. 우측 백 사이드에 후 대각 세로 슬라이스를 삼등분 하여 20mm 로드로 포워드 세로 와인딩 한다.

14. 좌측 백 사이드에 후 대각 세로 슬라이스를 이등분 하여 20mm 로드로 포워드 세로 와인딩 한다.

15. 톱 포인트에서 모류 흐름이 한쪽 방향으로 쏠리지 않도록 파팅으로 분배한다.

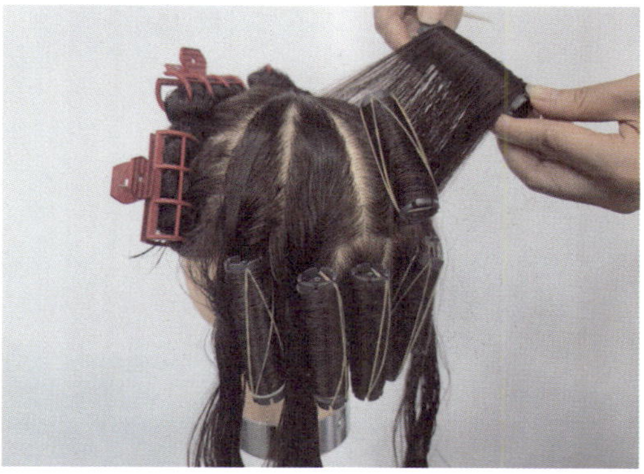

16. 톱 포인트에서 피봇 파팅으로 분배하여 모류 흐름이 한쪽 방향으로 쏠리지 않도록 22mm 로드로 포워드 세로 와인딩한다.

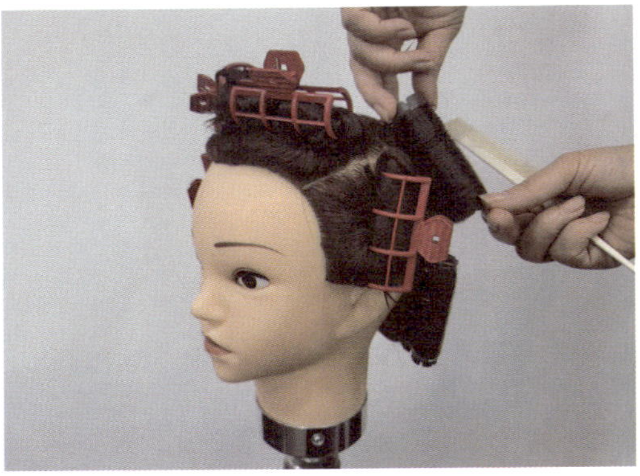

17. 스트랜드가 일반 시술각 90° 유지하며 22mm 로드로 포워드 세로 와인딩한다.

18. 좌측 사이드는 22mm 로드로 포워드 세로 와인딩한다.

19. 우측 사이드도 동일한 방법으로 와인딩 한다.

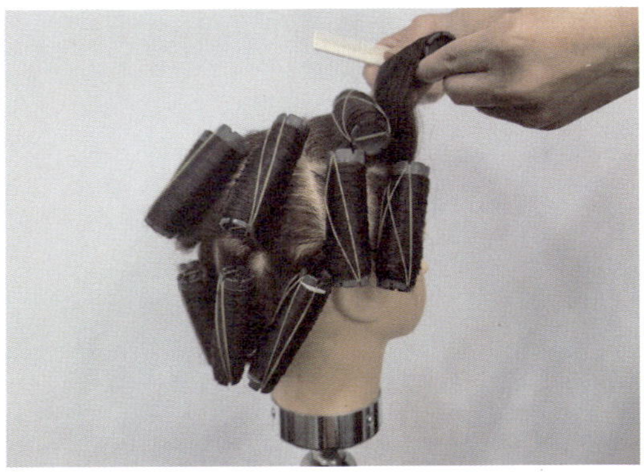

20. 전두부 부분에 24mm 로드로 포워드 와인딩 한다.

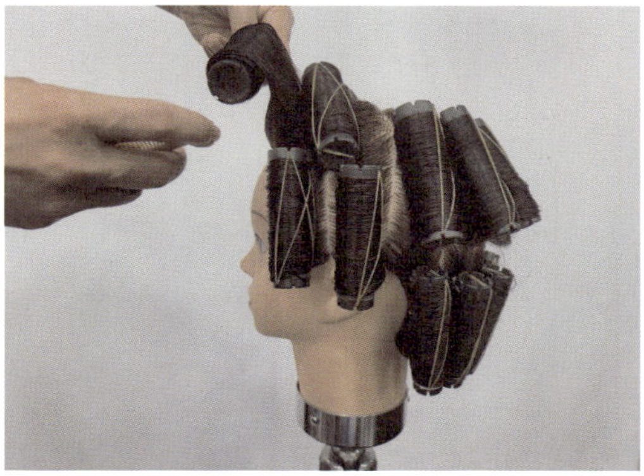

21. 반대편 사이드도 동일한 방법으로 시술한다.

22. 와인딩된 로드 안착 위치를 확인한다.

23. 로드에서 발생되는 열로 두피 화상을 방지하기 위해 부직포 또는 클립을 받쳐준다.

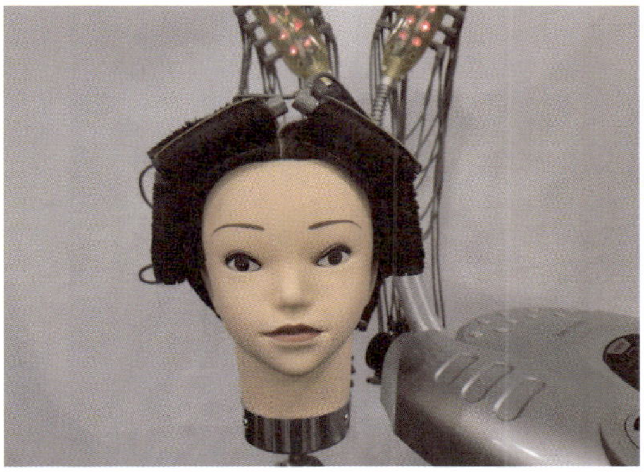

24. 디지털기기로 모발 상태에 따라 온도 설정을 하고 전원을 공급한다.

25. 가온 타임 후 분무 중화한다.

26. 중화 타임이 끝나면 텐션 없이 로드 아웃시킨다.

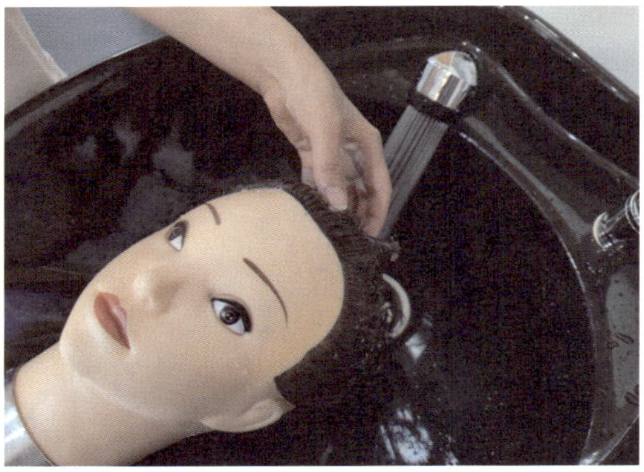

27. 미온수로 깨끗이 헹군 후 약산성 컨디셔너를 사용하여 pH 밸런스를 맞춰준다.

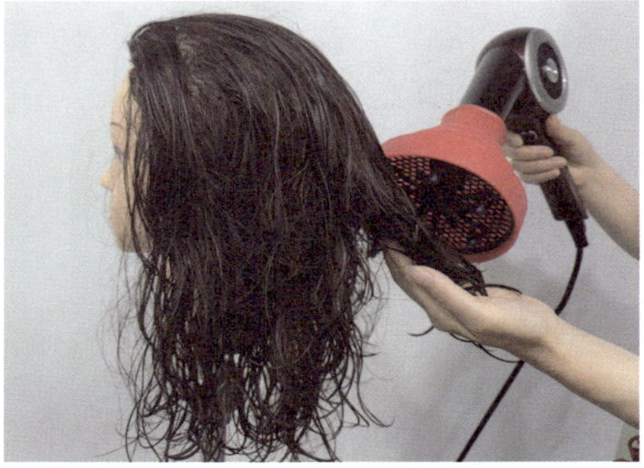

28. 타월 드라이 후 모발이 날리지 않도록 디퓨저를 장착하여 미온풍으로 드라이한다.

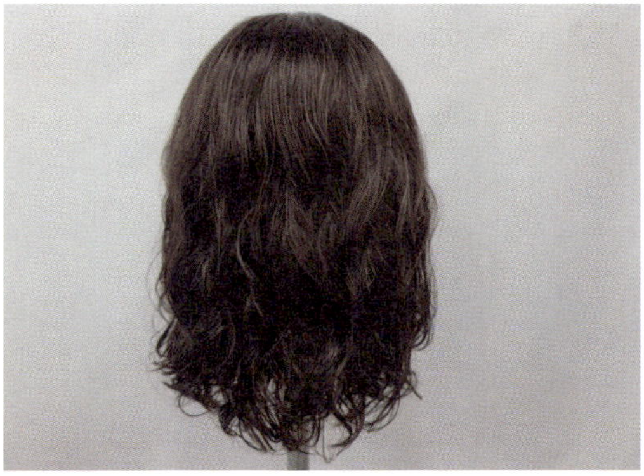

29. 에센스 도포 후 미온 풍으로 핸드드라이로 마무리한다.

실기평가

<table>
<tr><td>교과목명</td><td colspan="4"></td><td>담당교수</td><td>(인)</td></tr>
<tr><td>능력단위명
(능력단위코드)</td><td colspan="4"></td><td>평가자</td><td>(인)</td></tr>
<tr><td>능력단위요소</td><td colspan="4"></td><td>평가유형</td><td></td></tr>
<tr><td>평가일</td><td></td><td>평가시간</td><td colspan="2"></td><td rowspan="2">득점</td><td rowspan="2"></td></tr>
<tr><td>학습자</td><td></td><td>학번</td><td colspan="2"></td></tr>
<tr><td>평가문항
(수행내용)</td><td colspan="6"></td></tr>
<tr><td rowspan="6">과제물</td><td colspan="3">헤어펌 준비하기</td><td colspan="3">헤어펌하기 ①</td></tr>
<tr><td colspan="3"></td><td colspan="3"></td></tr>
<tr><td colspan="3">헤어펌하기 ②</td><td colspan="3">헤어펌하기 ③</td></tr>
<tr><td colspan="3"></td><td colspan="3"></td></tr>
<tr><td colspan="3">헤어펌하기 ④</td><td colspan="3">헤어펌하기 ⑤</td></tr>
<tr><td colspan="3"></td><td colspan="3"></td></tr>
</table>

<table>
<tr><th colspan="3">실기평가</th></tr>
<tr><td rowspan="4">와인딩 완성</td><td>앞면</td><td>뒷면</td></tr>
<tr><td></td><td></td></tr>
<tr><td>우측면</td><td>좌측면</td></tr>
<tr><td></td><td></td></tr>
<tr><td>시술 개요</td><td colspan="2"></td></tr>
</table>

5 듀얼 세팅펌

1) 준비물

가발, 홀더, 분무기, 헤어밴드, 중화 망, 플랫 아이론, 세팅 기기, 퍼머넌트 1제 환원제(processing solution), 퍼머넌트 2제 산화제(neutralizer), 전·후처리 제품, 볼, 브러시, 꼬리 빗, 부직포, 페이퍼, 드라이기, 벨크로, 랩, 가운, 샴푸, 린스, 타월, 어깨 보 등을 준비한다.

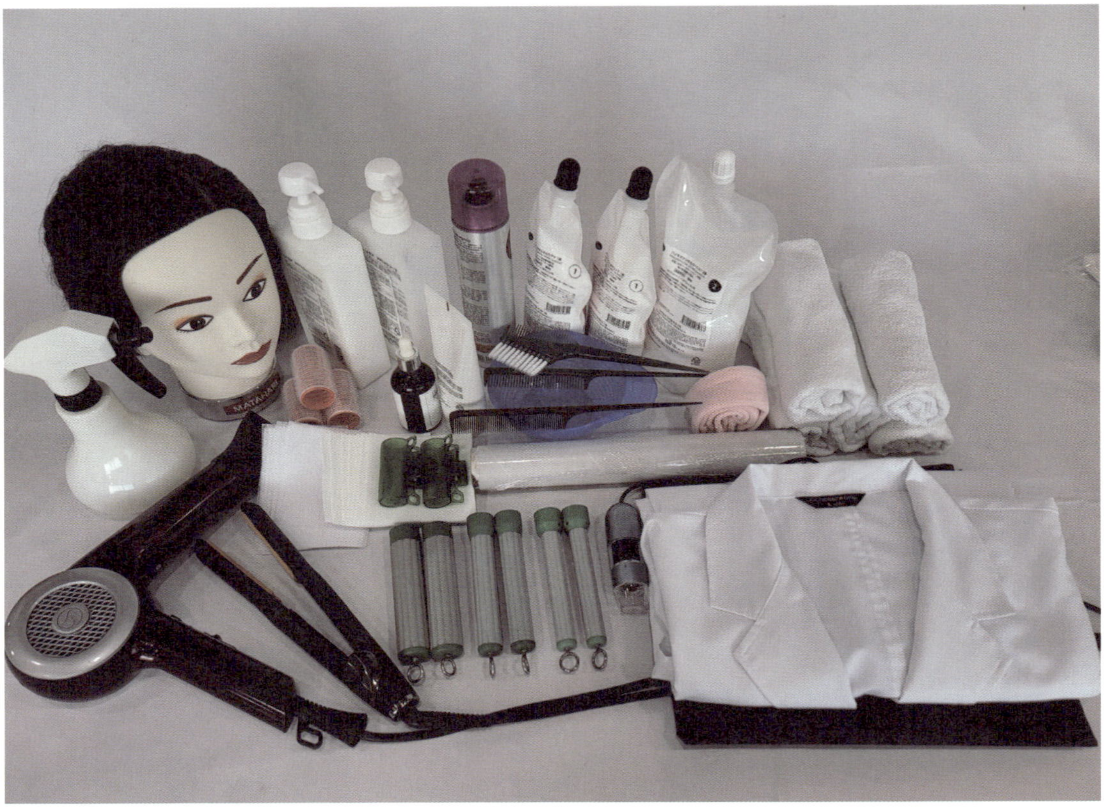

완성작품

전면

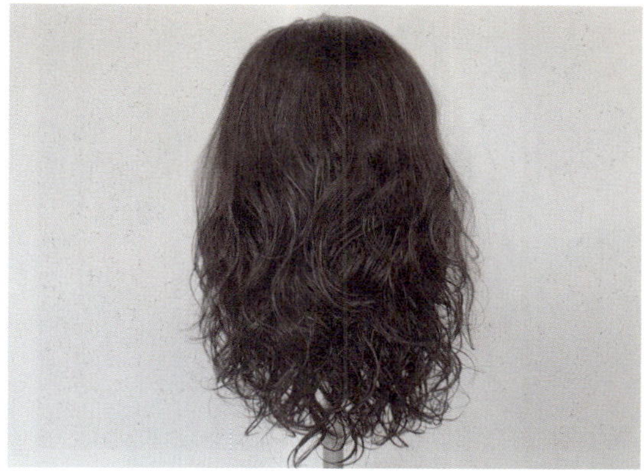

후면

우측면

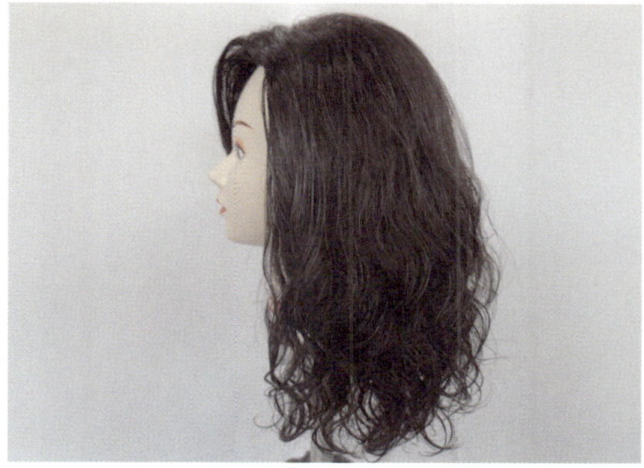

좌측면

2) 듀얼 세팅펌 실기

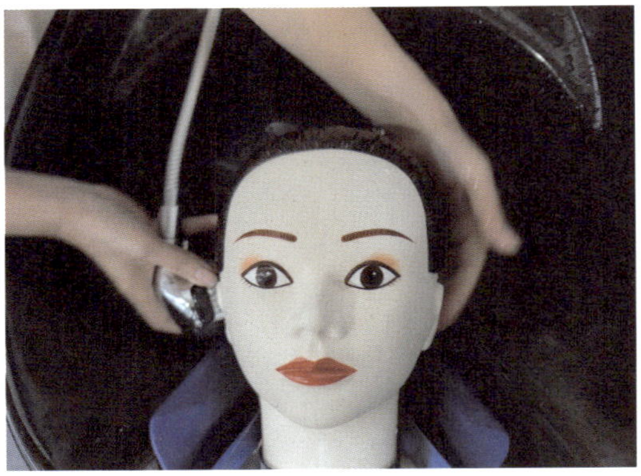

1. 시술 전 모발진단과 이물질을 제거하기 위해 샴푸한다.

2. 모발 건강상태를 진단한다.

3. 시술 전 모발 손상 부위에 간충물질을 도포한다.

4. 모발 손상 부위에 도포한 간충물질을 흡수시킨다.

5. 모발 상태를 고려하여 두피에서 1cm를 띄워 버진헤어부터 환원제를 균일하게 도포한다.

6. 골덴 포인트부터 모발이 눌러져 모발을 꺾이는 것을 방지하기 위해 스트랜드 각도를 잡고 벨크로를 받쳐준다.

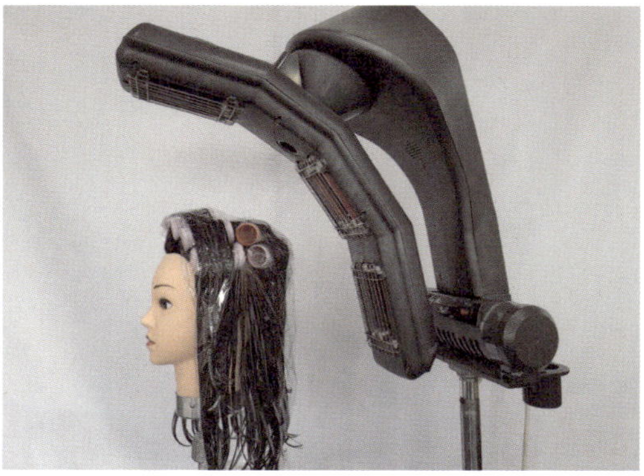

7. 랩핑 처리 후 에어 롤을 사용하여 환원 과정을 촉진시킨다.

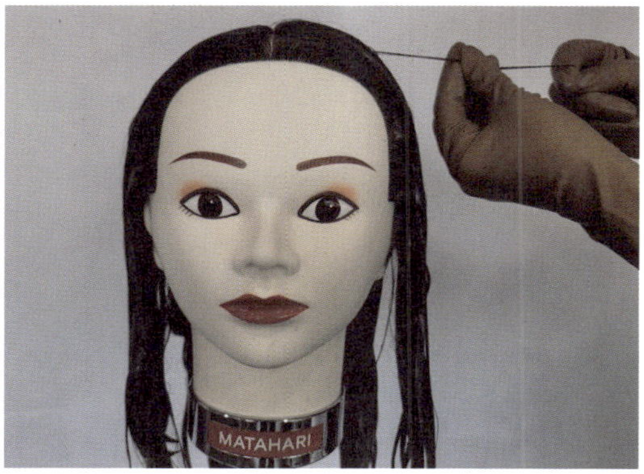

8. 연화 테스트 방법은 손으로 만졌을 때 부드러운 느낌, 모발 접어보기, 3~5가닥을 당겼을 때 1.5~2배 늘어졌다가 원래 상태로 되돌아가는 정도면 적당하다.

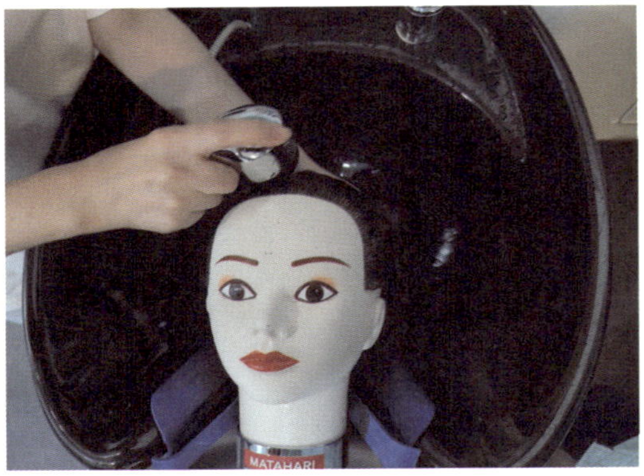

9. 연화 상태가 끝나면 미온수로 펌제가 남아 있지 않도록 깨끗이 헹구어준다.

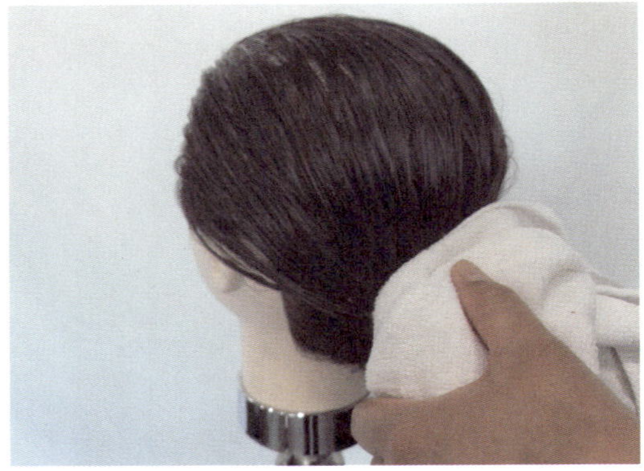

10. 타월 드라이 후 열 보호 제품을 도포한다.

11. 뿌리 부분에 파상모 교정을 위해 플랫 아이론 작업할 부분만 건조시킨다.

12. 모발 건강상태에 따라 반원형 이론의 온도 설정을 한 후 네이프 부분은 스트랜드 약 45°로 와인딩할 부분은 남겨둔다.

13. 백 포인트 부분은 스트랜드 약 90°로 곱슬머리 교정할 부분만 스트레이트 시술한다.

14. 블로킹 나눈 부분이 갈라지지 않도록 시술자의 포지션을 정확히 한다.

15. 이어 톱 미디움 포인트 부분은 스트랜드 각도 약 90° 이상으로 포물선 형태로 진행하면서 곱슬머리 교정할 부분만 스트레이트 시술한다.

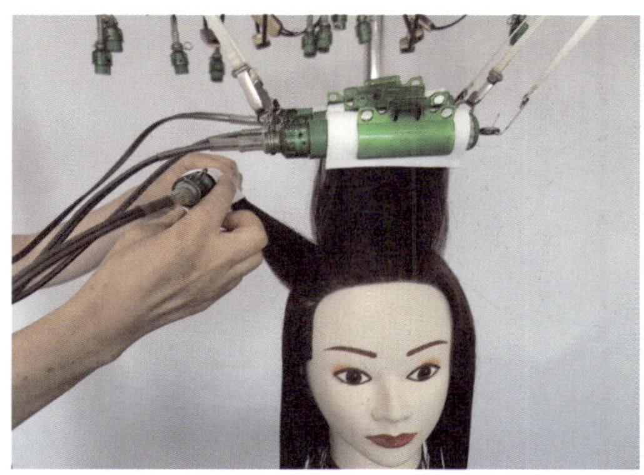

16. 와인딩할 부분에 수분이 부족하면 분무하여 수분이 약 30% 정도 유지하면서 와인딩한다.

17. 와인딩 후 고무밴드는 하지 않고 수분 유지를 위해 부직포로 감싸고 클립으로 고정한다.

18. 디자인에 따라 슬라이스 방향이나 로드 크기를 다르게 할 수 있다.

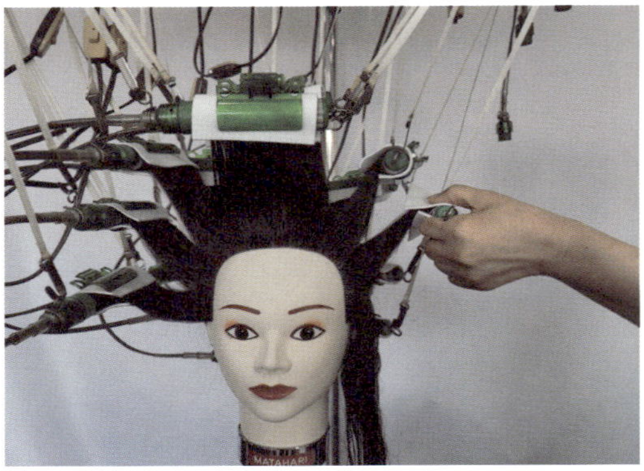

19. 와인딩 된 상태에서 세팅기의 전원을 연결한다.

20. 세팅기 고리로 로드를 안정감 있게 고정시킨다.

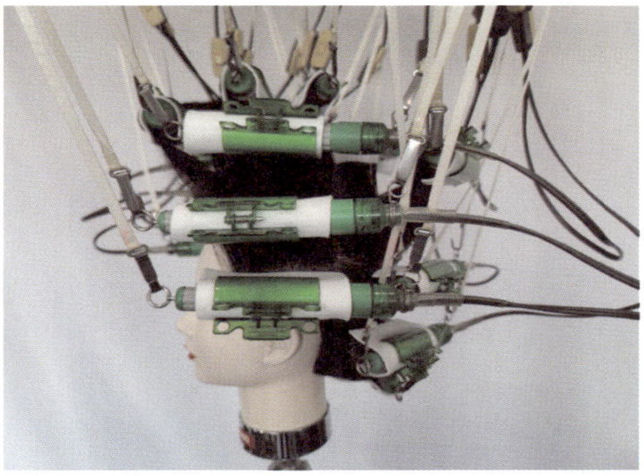

21. 와인딩이 끝나면 전원을 연결하고 스위치에 점등 여부를 확인한다.

22. 가온 타임 후 자연방치 10분(로드 온도가 내려가는 시간) 클립과 부직포를 제거하고 페이퍼를 잡고 로드를 제거 후 와인딩 형태가 유지되도록 핀컬 핀으로 고정한다.

23. 헤어 밴드와 중화 망 착용 후 분무 중화한다.

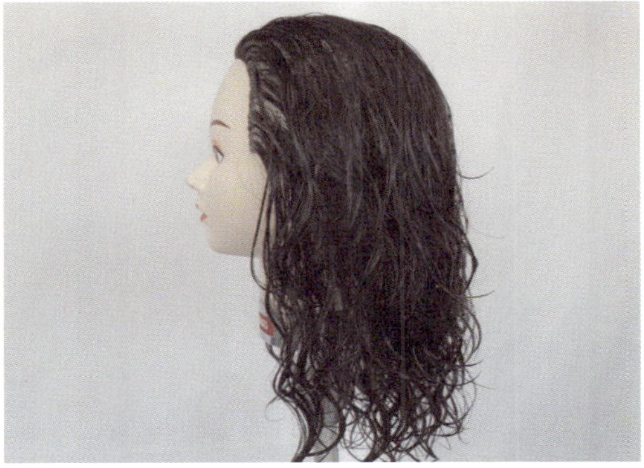

24. 중화 타임 후 페이퍼와 핀컬 핀을 제거한 상태

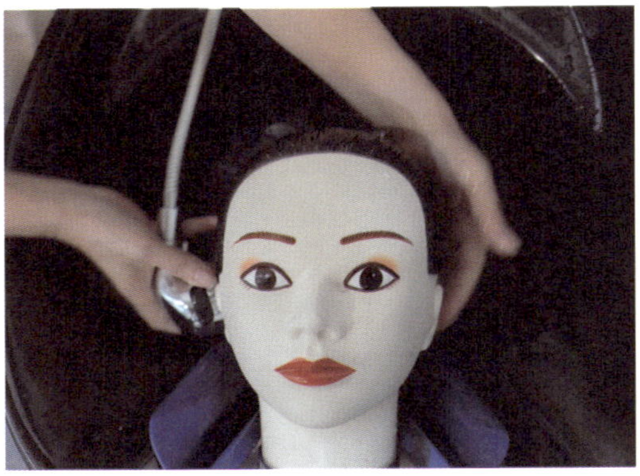

25. 미온수로 깨끗이 헹군 후 약산성 컨디셔너를 사용하여 pH 밸런스를 맞춰준다.

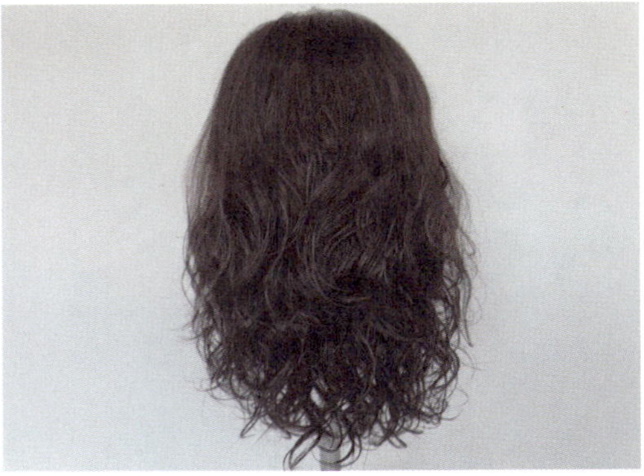

26. 에센스 도포 후 미 온풍 핸드드라이로 마무리 한다.

<table>
<tr><th colspan="5">실기평가</th></tr>
<tr><td>교과목명</td><td colspan="2"></td><td>담당교수</td><td>(인)</td></tr>
<tr><td>능력단위명
(능력단위코드)</td><td colspan="2"></td><td>평가자</td><td>(인)</td></tr>
<tr><td>능력단위요소</td><td colspan="2"></td><td>평가유형</td><td></td></tr>
<tr><td>평가일</td><td></td><td>평가시간</td><td rowspan="2">득점</td><td rowspan="2"></td></tr>
<tr><td>학습자</td><td></td><td>학번</td></tr>
<tr><td>평가문항
(수행내용)</td><td colspan="4"></td></tr>
<tr><td rowspan="6">과제물</td><td colspan="2">헤어펌 준비하기</td><td colspan="2">헤어펌하기 ①</td></tr>
<tr><td colspan="2"></td><td colspan="2"></td></tr>
<tr><td colspan="2">헤어펌하기 ②</td><td colspan="2">헤어펌하기 ③</td></tr>
<tr><td colspan="2"></td><td colspan="2"></td></tr>
<tr><td colspan="2">헤어펌하기 ④</td><td colspan="2">헤어펌하기 ⑤</td></tr>
<tr><td colspan="2"></td><td colspan="2"></td></tr>
</table>

<table>
<tr><th colspan="3">실기평가</th></tr>
<tr><td rowspan="4">와인딩 완성</td><td>앞면</td><td>뒷면</td></tr>
<tr><td></td><td></td></tr>
<tr><td>우측면</td><td>좌측면</td></tr>
<tr><td></td><td></td></tr>
<tr><td>시술 개요</td><td colspan="2"></td></tr>
</table>

6 다운 프로젝션 직펌

1) 준비물

가발, 홀더, 분무기, 헤어밴드, 고무밴드, 페이퍼, 멀티펌기기, 멀티펌로드, 1제 환원제(processing solution), 2제 산화제(neutralizer), 전·후처리 제품, 볼, 꼬리빗, 드라이기, 가운, 샴푸, 린스, 타월, 어깨 보 등을 준비한다.

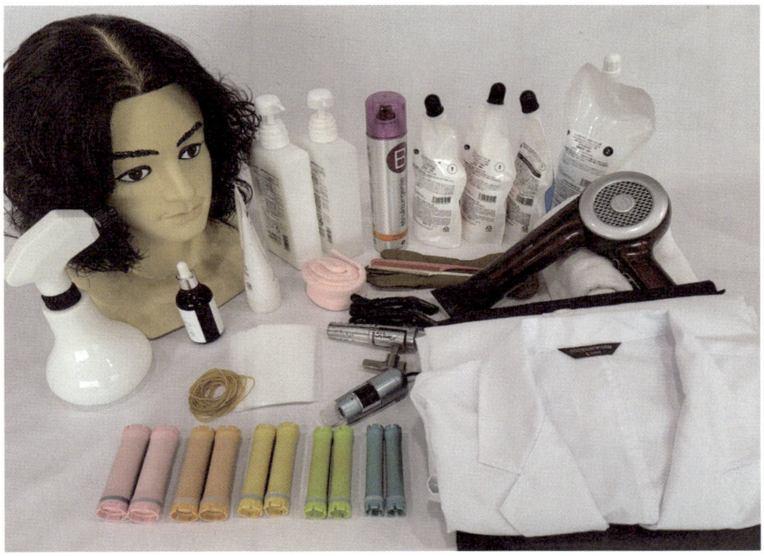

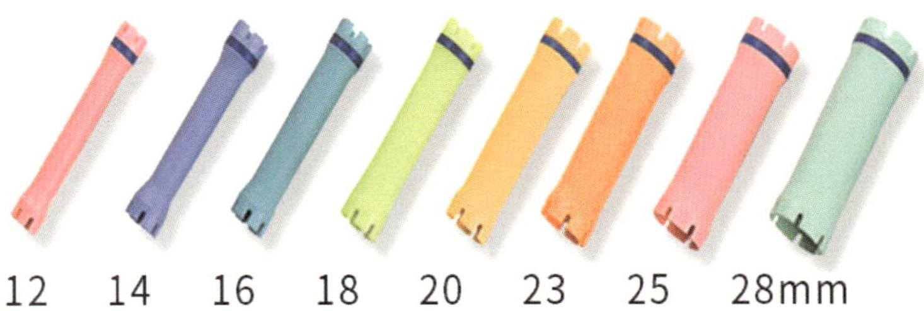

출처: ㈜파이모아코리아

완성작품

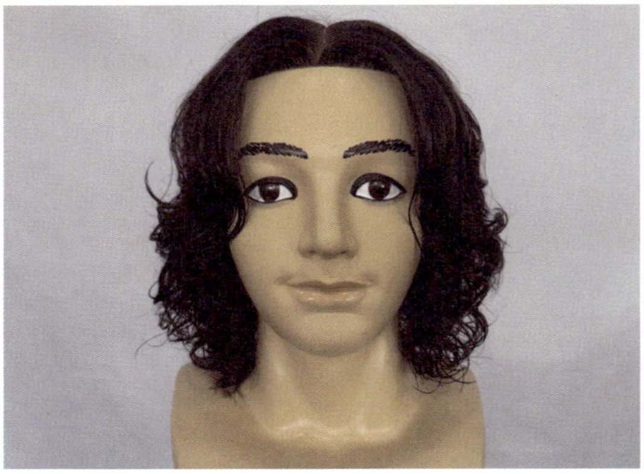

전면

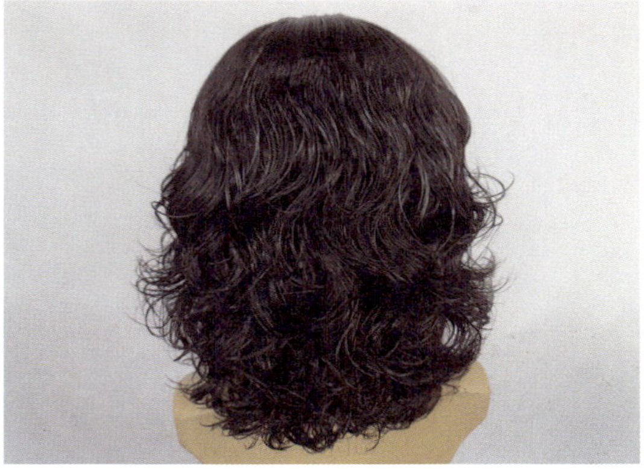

후면

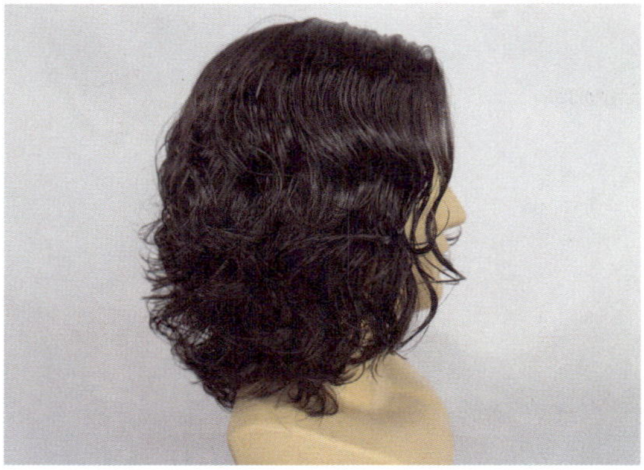

우측면

좌측면

2) 다운 프로젝션 직펌 실기

1. 시술 전 모발진단과 이물질을 제거하기 위해 샴푸한다.

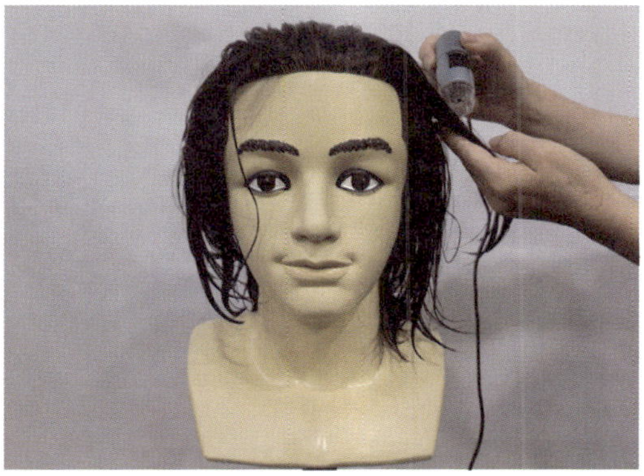

2. 모발 건강상태를 진단한다.

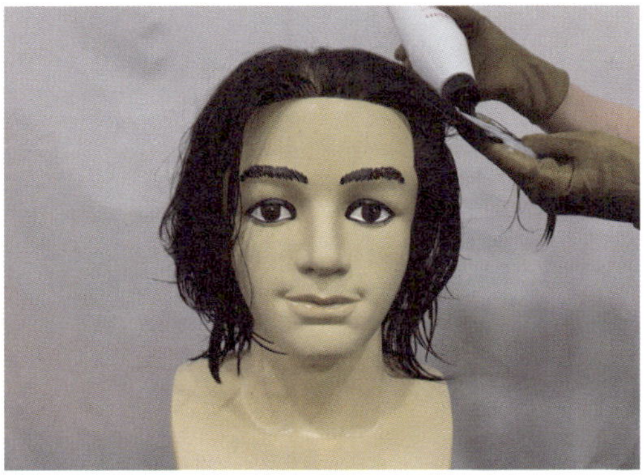

3. 모발 상태에 따라 펌제를 선정하여 도포한다.

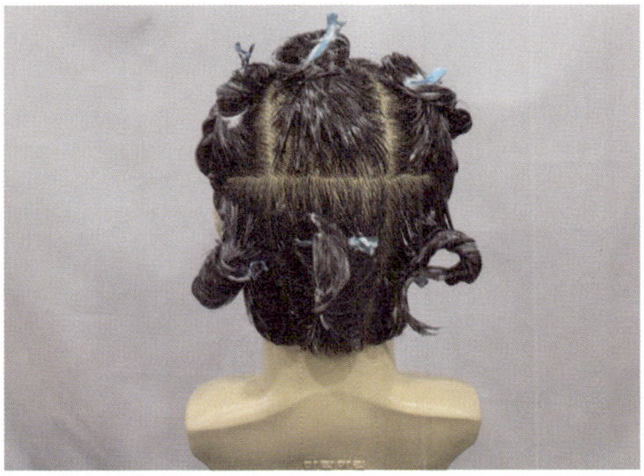

4. 디자인별로 블로킹을 나눈다.

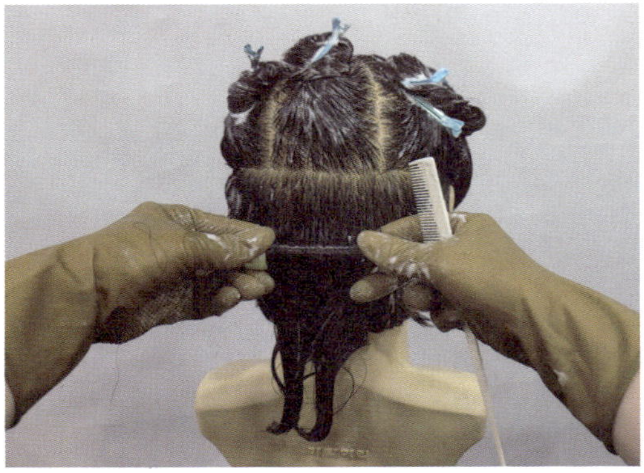

5. 방치시간 없이 백 포인트 18mm 2개를 수평 크로키놀식 와인딩한다.

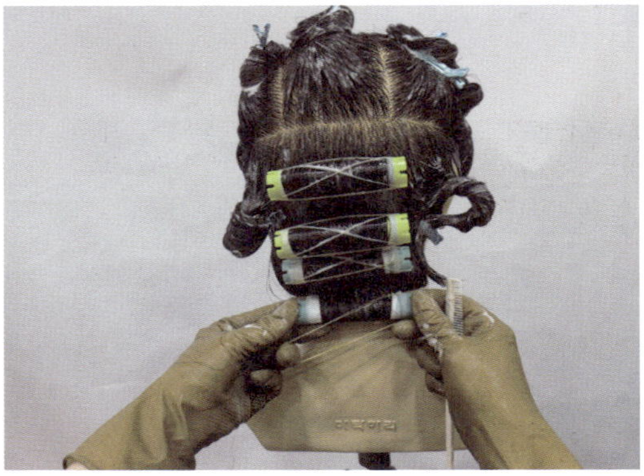

6. 네이프 16mm 2개를 적당히 텐션을 주어 와인딩한다.

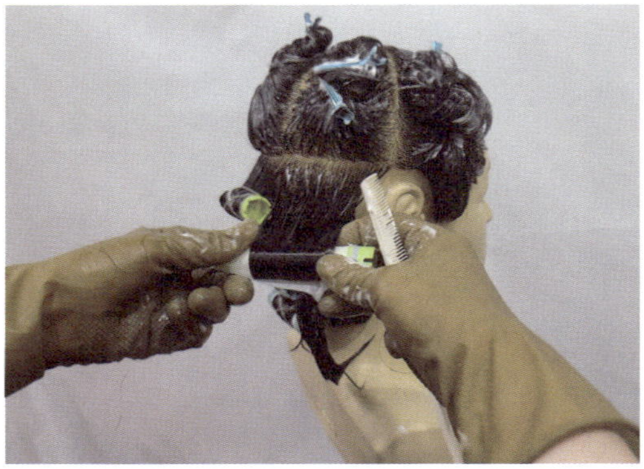

7. 우측 백 사이드 부분에 후대각으로 슬라이스 하여 18mm 2개를 와인딩한다.

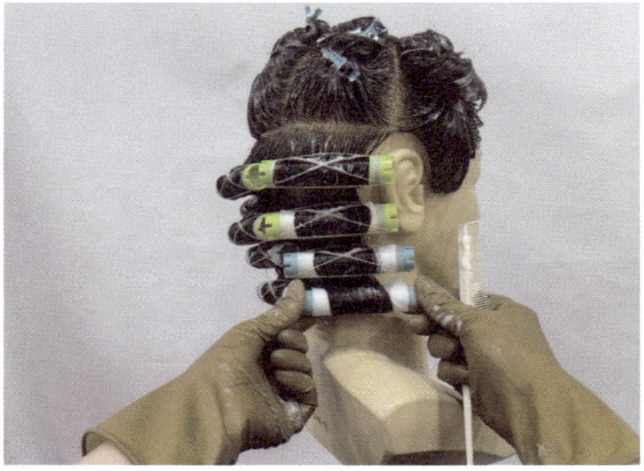

8. 네이프 사이드코너 부분에 후대각으로 슬라이스 하여 16mm 2개를 와인딩한다.

9. 좌측 백 사이드 부분에 후대 각으로 슬라이스 하고 18mm 2개, 16mm 2개를 와인딩한다.

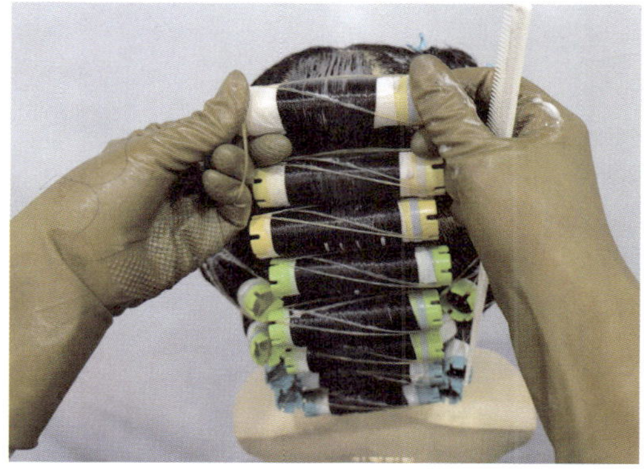

10. 톱 포인트에서 피봇 블로킹하여 23mm 1개, 20mm 2개, 18mm 1개를 수평 와인딩 한다.

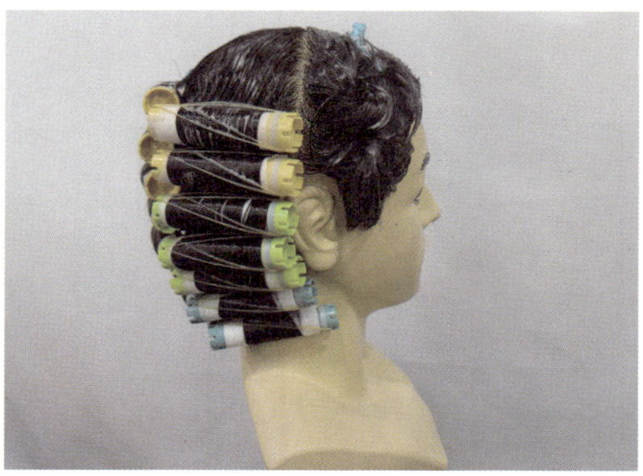

11. 우측 백 사이드에 20mm 2개, 18mm 1개를 적당이 텐션을 주어 와인딩한다.

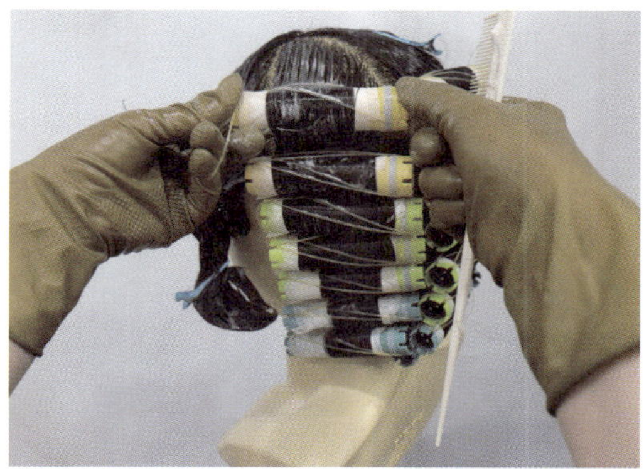

12. 좌측 백 사이드에 20mm 2개, 18mm 1개를 적당이 텐션을 주어 와인딩한다.

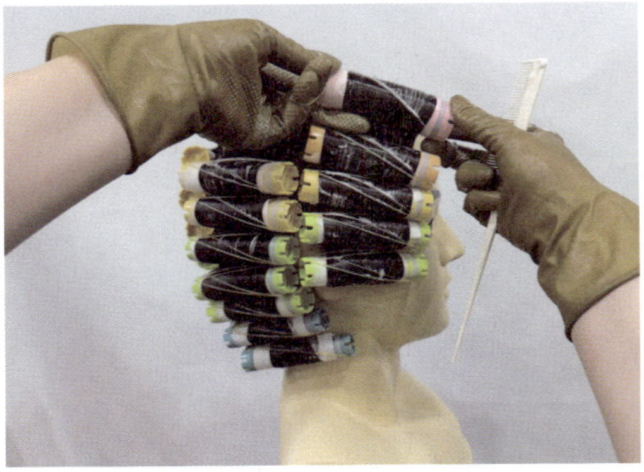

13. 우측 사이드에 18mm 2개, 20mm 1개, 23mm 2개, 25mm 1개를 사다리꼴로 슬라이스하여 와인딩한다.

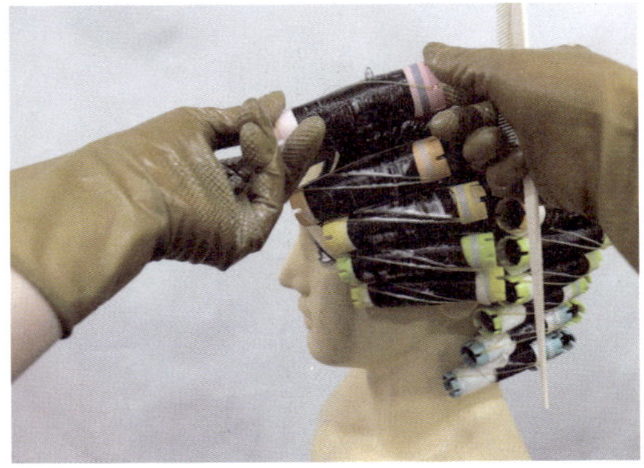

14. 좌측 사이드에 18mm 2개, 20mm 1개, 23mm 2개, 25mm 1개를 사다리꼴로 슬라이스하여 와인딩한다.

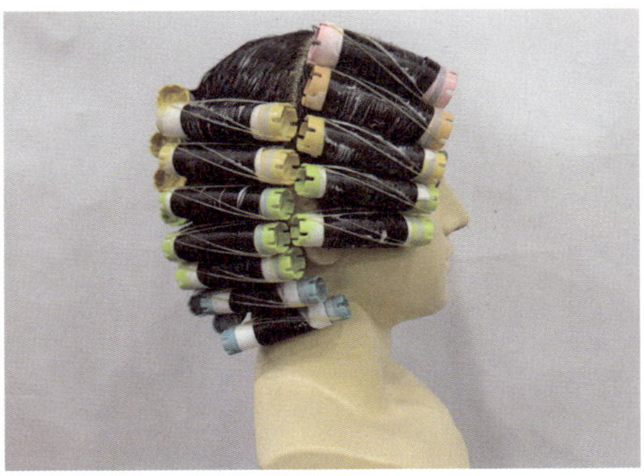

15. 와인딩이 완성되면 방치시간 없이 곧바로 멀티펌 기기 전원을 연결한다.

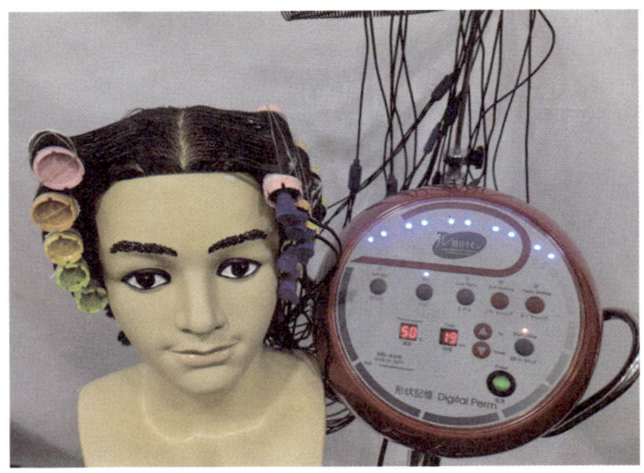

16. 건강모를 위한 직펌 모드, 로드온도 80° 모발에 전도되는 온도 50° 5분간 방치 하였다.

17. 전원코드와 분리하고 5분간 자연방치 후 중화제 도포한다.

18. 중화 타임이 끝나면 미온수로 깨끗이 헹군 후 약산성 컨디셔너를 사용하여 pH 밸런스를 맞춰준다.

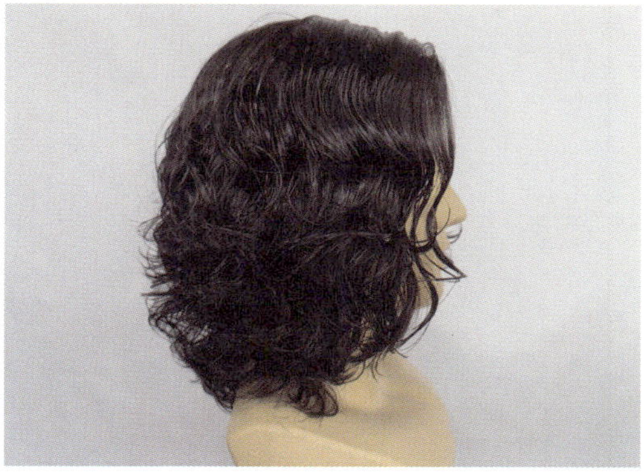

19. 타월 드라이 후 미온 풍으로 드라이한다.

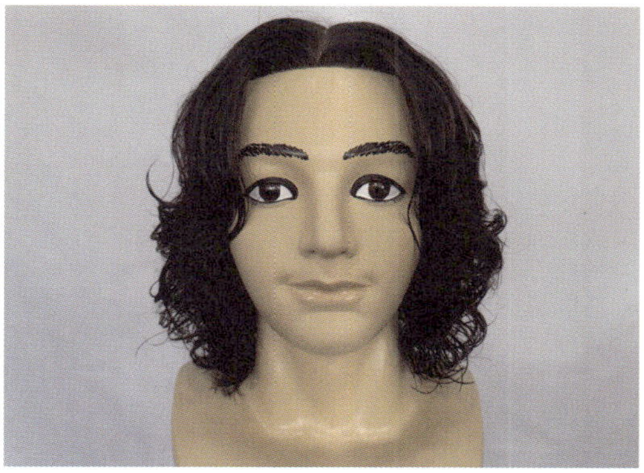

20. 에센스 도포 후 미온 풍으로 핸드드라이로 마무리한다.

<table>
<tr><th colspan="6">실기평가</th></tr>
<tr><td>교과목명</td><td colspan="3"></td><td>담당교수</td><td>(인)</td></tr>
<tr><td>능력단위명
(능력단위코드)</td><td colspan="3"></td><td>평가자</td><td>(인)</td></tr>
<tr><td>능력단위요소</td><td colspan="3"></td><td>평가유형</td><td></td></tr>
<tr><td>평가일</td><td></td><td>평가시간</td><td></td><td rowspan="2">득점</td><td rowspan="2"></td></tr>
<tr><td>학습자</td><td></td><td>학번</td><td></td></tr>
<tr><td>평가문항
(수행내용)</td><td colspan="5"></td></tr>
<tr><td rowspan="6">과제물</td><td colspan="2">헤어펌 준비하기</td><td colspan="3">헤어펌하기 ①</td></tr>
<tr><td colspan="2"></td><td colspan="3"></td></tr>
<tr><td colspan="2">헤어펌하기 ②</td><td colspan="3">헤어펌하기 ③</td></tr>
<tr><td colspan="2"></td><td colspan="3"></td></tr>
<tr><td colspan="2">헤어펌하기 ④</td><td colspan="3">헤어펌하기 ⑤</td></tr>
<tr><td colspan="2"></td><td colspan="3"></td></tr>
</table>

<table>
<tr><th colspan="3">실기평가</th></tr>
<tr><td rowspan="4">와인딩 완성</td><td>앞면</td><td>뒷면</td></tr>
<tr><td></td><td></td></tr>
<tr><td>우측면</td><td>좌측면</td></tr>
<tr><td></td><td></td></tr>
<tr><td>시술 개요</td><td colspan="2"></td></tr>
</table>

7 업 프로젝션 세팅펌

1) 준비물

가발, 홀더, 분무기, 헤어밴드, 고무밴드, 페이퍼, 부직포, 클립, 헤어핀셋, 멀티펌기기, 멀티펌로드, 볼, 브러시, 1제 환원제(processing solution), 2제 산화제(neutralizer), 전. 후처리 제품, 꼬리빗, 드라이기, 가운, 샴푸, 린스, 타월, 어깨 보 등을 준비한다.

12 14 16 18 20 23 25 28mm

출처: ㈜파이모아코리아

완성작품

전면

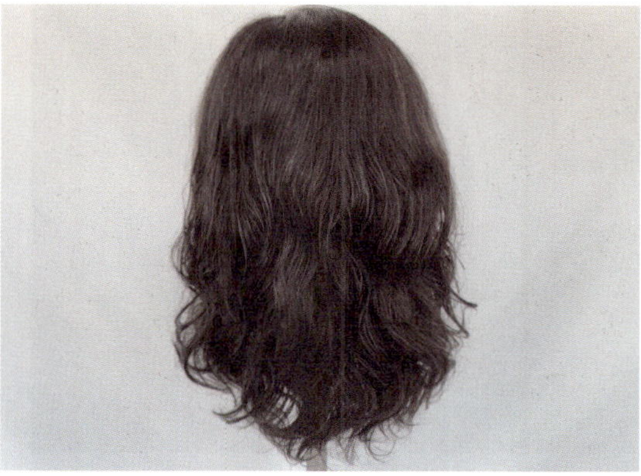

후면

우측면

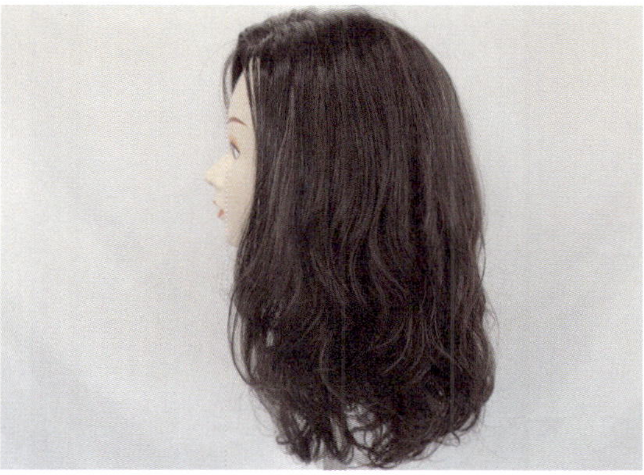

좌측면

2) 업 프로젝션 세팅펌

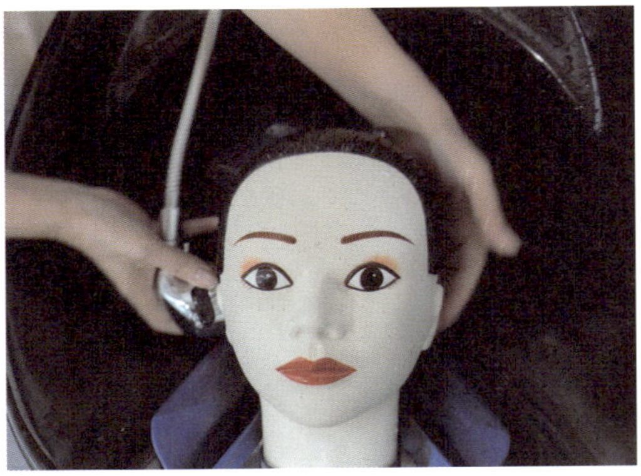

1. 시술 전 모발진단과 이물질을 제거하기 위해 샴푸한다.

2. 모발 건강상태를 진단한다.

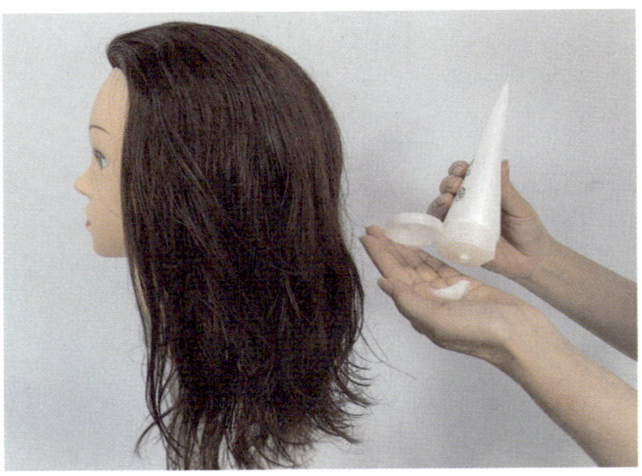

3. 시술 전 모발 손상 부위에 간충물질을 도포한다.

4. 미스트기를 사용하여 모발 손상 부위에 도포한 간충물질을 흡수시킨다.

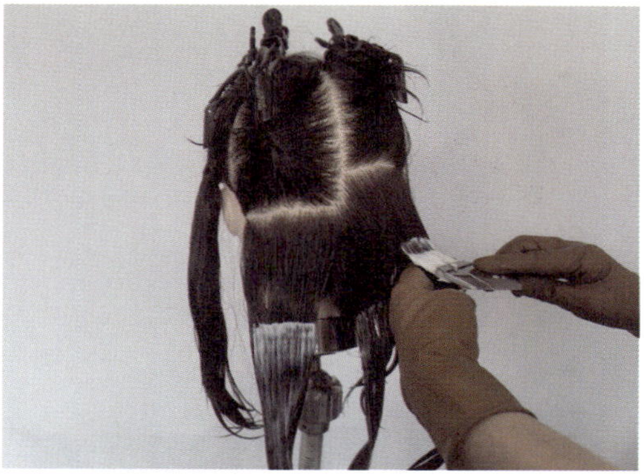

5. 디자인을 고려하여 와인딩해야 할 부분까지 환원제를 도포한다.

6. 연화 테스트 방법은 손으로 만졌을 때 부드러운 느낌, 모발 접어보기, 3~5가닥을 당겼을 때 1.5~2배 늘어졌다가 원래 상태로 되돌아가는 정도면 적당하다.

7. 연화 상태가 끝나면 미온수로 펌제가 남아있지 않도록 깨끗이 헹군다.

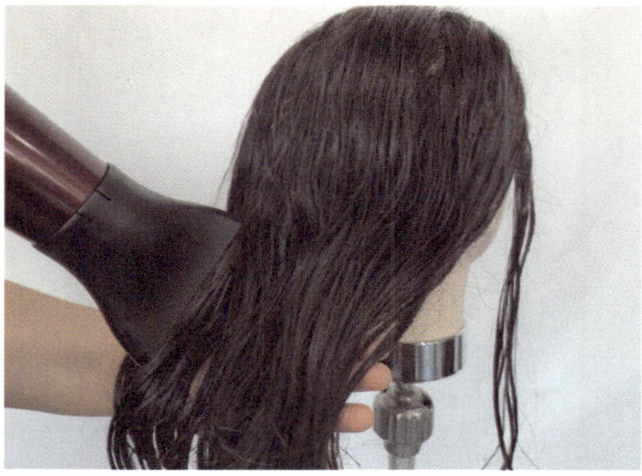

8. 타월드라이 후 수분이 약 30% 정도 남은 상태에서 열보호 제품을 도포한다.

9. 좌측 네이프 부분에 수평 슬라이스 하여 업 엘리베이션 약 45° 위치까지 18mm 2개를 와인딩한다.

10. 우측 네이프 부분에 수평 슬라이스 하여 업 엘리베이션 약 45° 18mm 2개를 와인딩 한다.

11. 크레스트 부분에 수평 슬라이스 하여 수평으로 업 엘리베이션 약 45° 위치까지 20mm 1개씩을 와인딩한다.

12. 백 포인트 부분에 수평 슬라이스 하여 수평으로 23mm 2개, 업 엘리베이션 약 45° 위치까지 와인딩한다.

13. 골덴 포인트 부분에 수평 슬라이스 하여 수평으로 25mm 2개, 업 엘리베이션 약 45° 위치까지 와인딩한다.

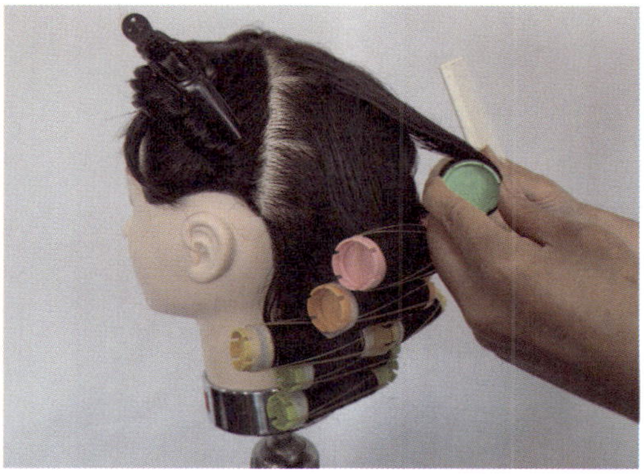

14. 톱 포인트 부분에 수평 슬라이스 하여 수평으로 28mm 1개, 업 엘리베이션 약 45° 위치까지 와인딩한다.

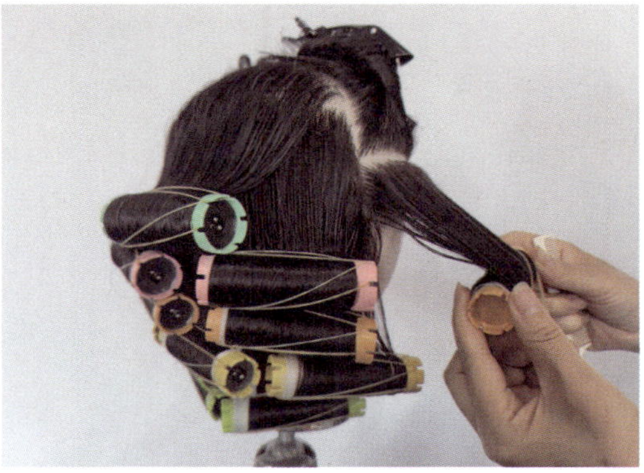

15. 이어 포인트 부분에 수평 슬라이스 하여 23mm 1개, 백 사이드 23mm 와인딩 된 위치에 수평이 되게 와인딩한다.

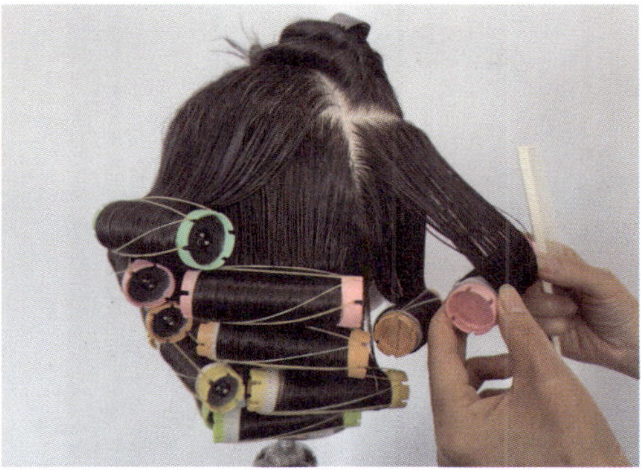

16. 이어 톱 미디움 포인트 부분에 수평 슬라이스 하여 25mm 1개, 백 사이드 25mm 와인딩 된 위치에 수평이 되게 와인딩한다.

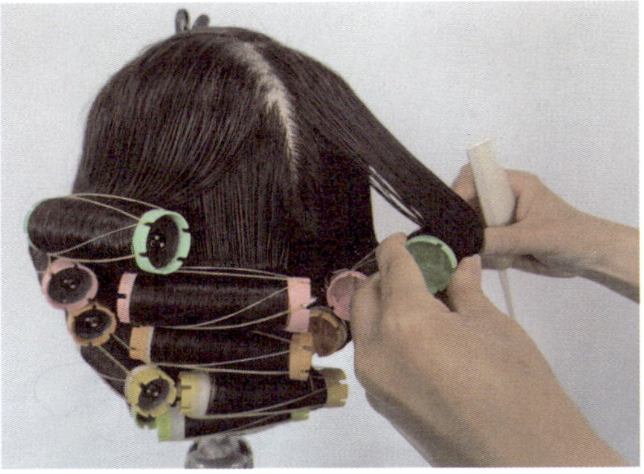

17. 톱 포인트 부분에 수평 슬라이스 하여 28mm 1개, 백 포인트 28mm 와인딩 된 위치에 수평이 되게 와인딩한다.

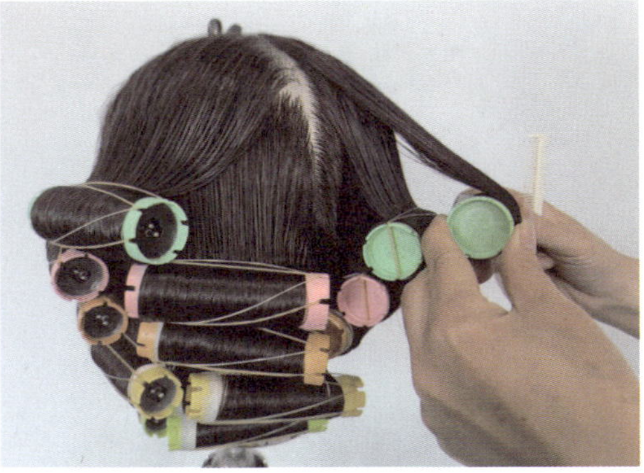

18. 좌측 포인트에서 우측으로 오는 스트랜드는 이전에 와인딩 된 로드 위치까지 와인딩한다.

19. 반대편 사이드도 동일한 방법으로 시술한다.

20. 수분 유지를 위해 부직포로 감싸고 클립으로 고정한다.

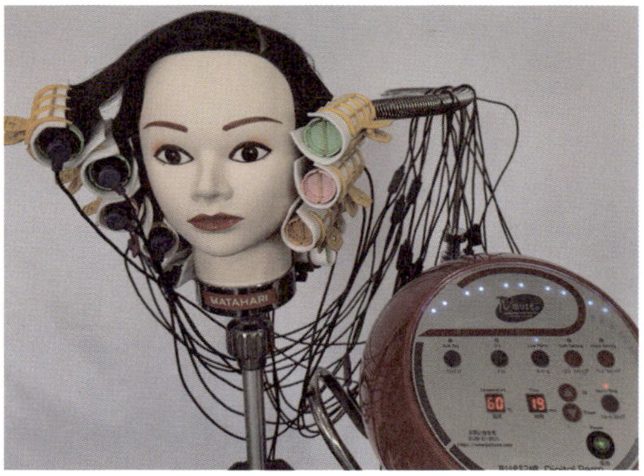

21. 손상모를 위한 세팅모드 로드온도 130° 모발에 전도되는 온도 80° 20분간 방치한다.

22. 전원코드와 분리하고 10분간 자연방치 후 로드의 온도가 내려간 후 로드의 분무 중화제 도포한다.

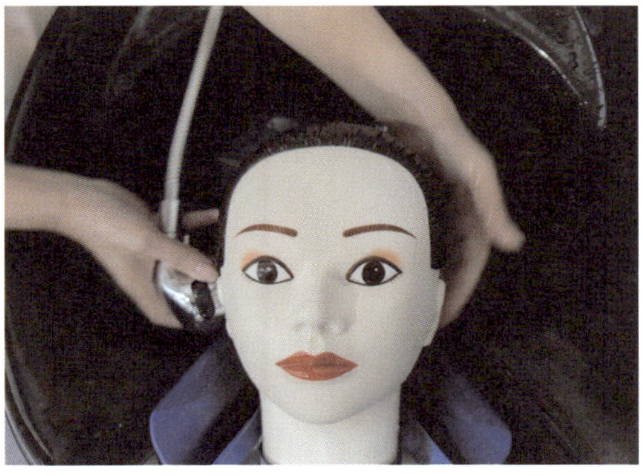

23. 중화 타임이 끝나면 미온수로 깨끗이 헹군 후 약산성 컨디셔너를 사용하여 pH 밸런스를 맞춰준다.

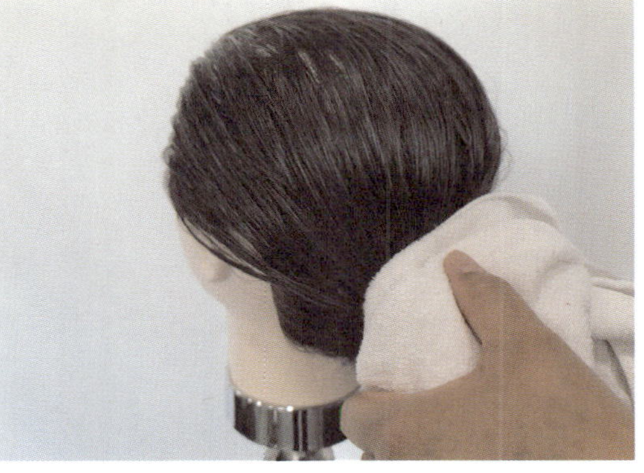

24. 타월 드라이 후 미온 풍으로 드라이한다.

25. 에센스 도포 후 미 온풍 핸드드라이로 마무리 한다.

<table>
<tr><th colspan="6">실기평가</th></tr>
<tr><td>교과목명</td><td colspan="3"></td><td>담당교수</td><td>(인)</td></tr>
<tr><td>능력단위명
(능력단위코드)</td><td colspan="3"></td><td>평가자</td><td>(인)</td></tr>
<tr><td>능력단위요소</td><td colspan="3"></td><td>평가유형</td><td></td></tr>
<tr><td>평가일</td><td></td><td>평가시간</td><td></td><td rowspan="2">득점</td><td rowspan="2"></td></tr>
<tr><td>학습자</td><td></td><td>학번</td><td></td></tr>
<tr><td>평가문항
(수행내용)</td><td colspan="5"></td></tr>
<tr><td rowspan="6">과제물</td><td colspan="2">헤어펌 준비하기</td><td colspan="3">헤어펌하기 ①</td></tr>
<tr><td colspan="2"></td><td colspan="3"></td></tr>
<tr><td colspan="2">헤어펌하기 ②</td><td colspan="3">헤어펌하기 ③</td></tr>
<tr><td colspan="2"></td><td colspan="3"></td></tr>
<tr><td colspan="2">헤어펌하기 ④</td><td colspan="3">헤어펌하기 ⑤</td></tr>
<tr><td colspan="2"></td><td colspan="3"></td></tr>
</table>

<table>
<tr><th colspan="3">실기평가</th></tr>
<tr><td rowspan="4">와인딩 완성</td><td>앞면</td><td>뒷면</td></tr>
<tr><td></td><td></td></tr>
<tr><td>우측면</td><td>좌측면</td></tr>
<tr><td></td><td></td></tr>
<tr><td>시술 개요</td><td colspan="2"></td></tr>
</table>

8 디스커넥션 쇼트펌

1) 준비물

가발, 홀더, 분무기, 1제 환원제(processing solution), 2제 산화제(neutralizer), 공병 2개, 페이퍼,(퍼머 종이), 비닐캡, 헤어밴드, 펌용장갑, 꼬리 빗, 고무밴드, 컬링 로드, 가운, 샴푸, 린스, 타월 4장 등을 준비한다.

완성작품

전면

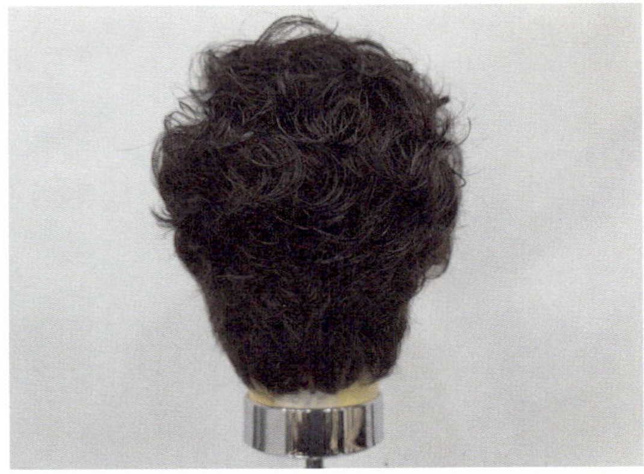
후면

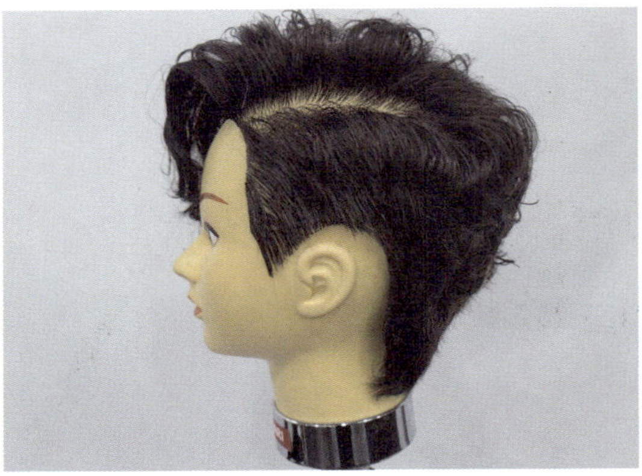
우측면

좌측면

2) 디스커넥션 쇼트펌 실기

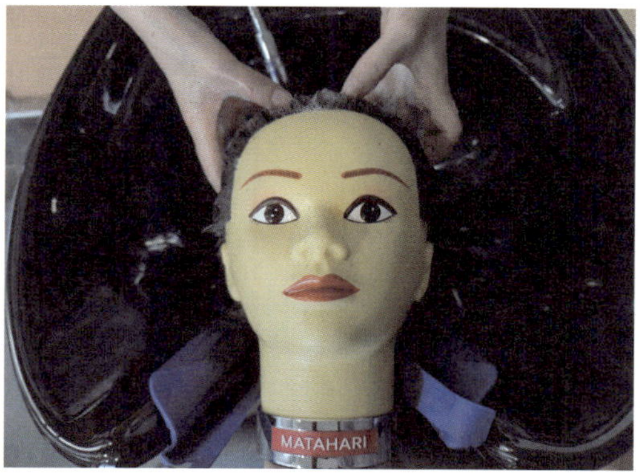

1. 시술 전 모발진단과 이물질을 제거하기 위해 샴푸한다.

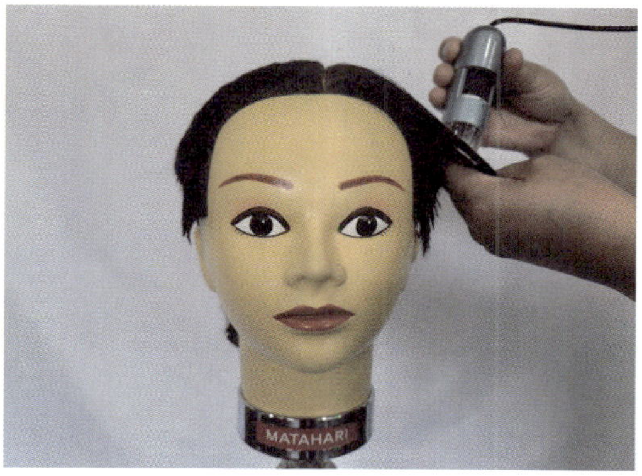

2. 모발 건강 상태를 진단한다.

3. 모발 상태에 따라 펌제를 선정하여 1차 도포한다.

4. 디자인을 고려하여 홀슈라인으로 블로킹을 나눈다.

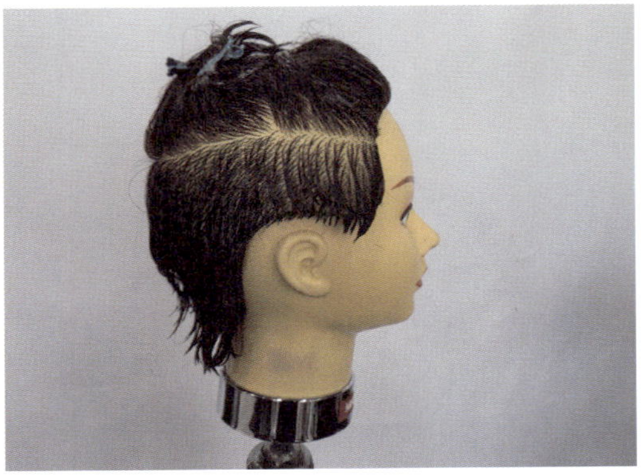

5. 프런트 사이드코너에서 골덴 포인트까지 나눈다.

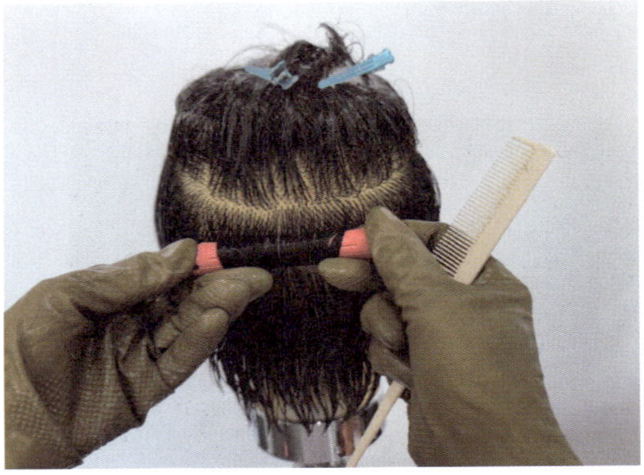

6. 골덴 포인트에서 스트랜드 약 90°로 와인딩한다.

7. 네이프 포인트까지 크로키놀식 수평 와인딩한다.

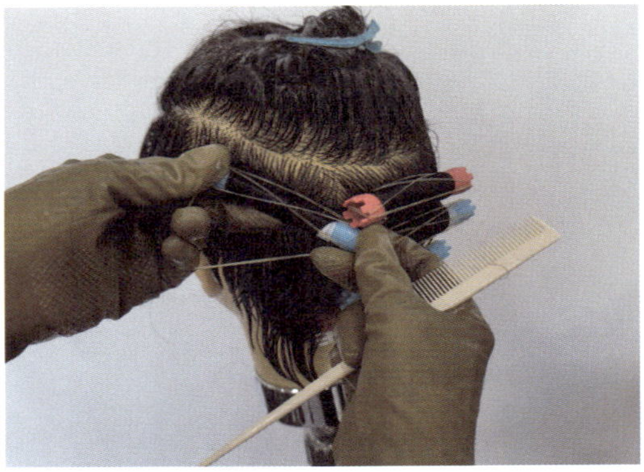

8. 왼쪽 백 사이드 후대 각 섹셔닝으로 와인딩한다.

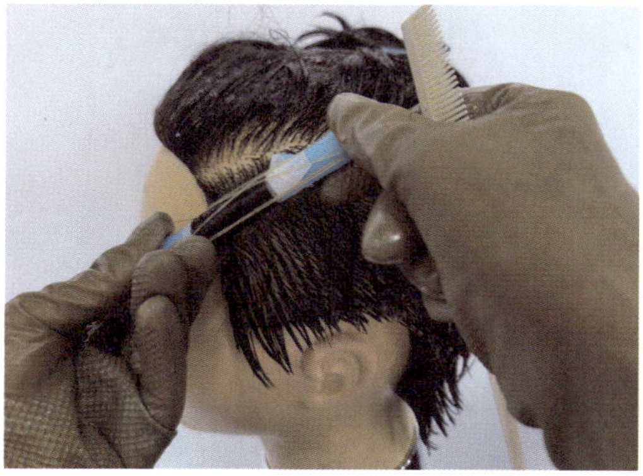

9. 왼쪽 프런트 사이드 포인트에서 전대각 섹셔닝으로 와인딩한다.

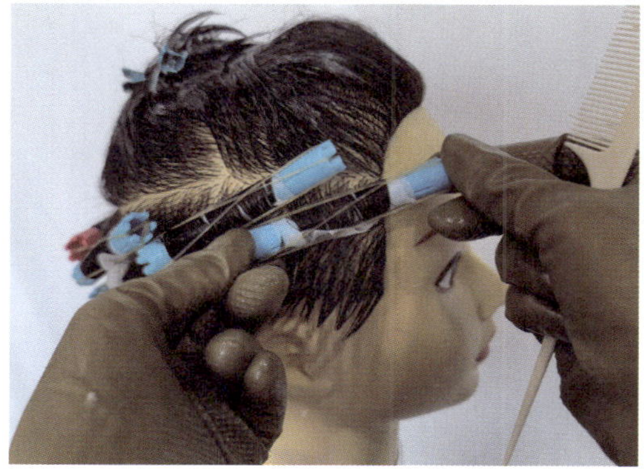

10. 오른쪽 프런트 사이드 포인트에서 후대각 섹셔닝으로 와인딩한다.

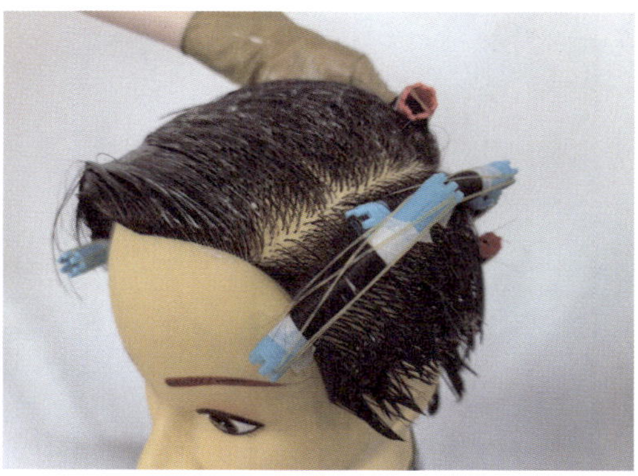

11. 골덴 포인트 왼쪽 코너에서 시작 하여 크로키놀식으로 오른쪽 방향으로 와인딩한다.

12. 11번과 같은 방향 45°~ 90° 벽돌패턴으로 와인딩한다.

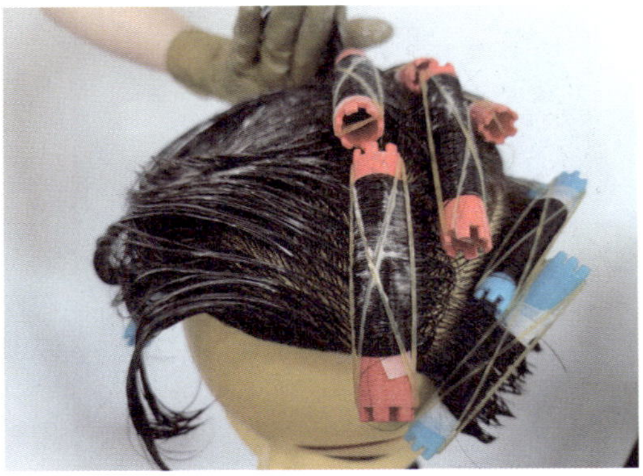

13. 11, 12번과 같은 방향 벽돌패턴으로 와인딩 한다.

14. 벽돌패턴으로 연결되도록 5호 로드로 와인딩 한다.

15. 13, 14번과 같은 방향으로 하되 컨벡스의 흐름이 나도록 와인딩한다.

16. 14, 15번과 같은 방향, 벽돌패턴으로 연결되도록 하프 오프 베이스로 와인딩한다.

17. 오른쪽 사이드 코너에서 슬라이스 선과 직각이 되도록 한다.

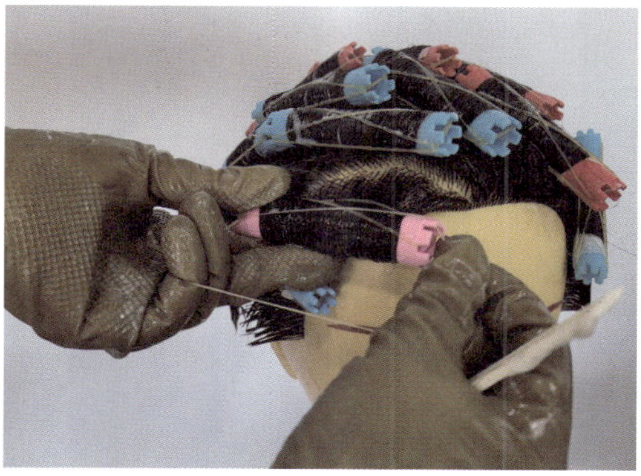

18. 프런트 사이드 부분에서 스트랜드를 0°로 크로키놀식 와인딩한다.

19. 프런트 완성 모습이다.

20. 양 사이드 코너 포인트 부분에 펌제를 도포하고 일반시술 각 0°로 빗질하여 페이퍼를 붙이고 핀컬 핀으로 고정한다.

21. 비닐캡을 씌운 후 에어 롤을 사용하여 환원 과정을 촉진시킨다.

22. 환원 타임이 끝나면 중화 처리한다.

23. 중화 타임이 끝나면 미온수로 깨끗이 헹군 후 약산성 컨디셔너를 사용하여 pH 밸런스를 맞춰준다.

24. 타월 드라이 후 모발이 날리지 않도록 디퓨저를 장착하여 미 온풍 핸드드라이로 마무리한다.

<table>
<tr><th colspan="6">실기평가</th></tr>
<tr><td>교과목명</td><td colspan="3"></td><td>담당교수</td><td>(인)</td></tr>
<tr><td>능력단위명
(능력단위코드)</td><td colspan="3"></td><td>평가자</td><td>(인)</td></tr>
<tr><td>능력단위요소</td><td colspan="3"></td><td>평가유형</td><td></td></tr>
<tr><td>평가일</td><td></td><td>평가시간</td><td></td><td rowspan="2">득점</td><td rowspan="2"></td></tr>
<tr><td>학습자</td><td></td><td>학번</td><td></td></tr>
<tr><td>평가문항
(수행내용)</td><td colspan="5"></td></tr>
<tr><td rowspan="6">과제물</td><td colspan="2">헤어펌 준비하기</td><td colspan="3">헤어펌하기 ①</td></tr>
<tr><td colspan="2"></td><td colspan="3"></td></tr>
<tr><td colspan="2">헤어펌하기 ②</td><td colspan="3">헤어펌하기 ③</td></tr>
<tr><td colspan="2"></td><td colspan="3"></td></tr>
<tr><td colspan="2">헤어펌하기 ④</td><td colspan="3">헤어펌하기 ⑤</td></tr>
<tr><td colspan="2"></td><td colspan="3"></td></tr>
</table>

실기평가

<table>
<tr><td rowspan="4">와인딩 완성</td><td>앞면</td><td>뒷면</td></tr>
<tr><td></td><td></td></tr>
<tr><td>우측면</td><td>좌측면</td></tr>
<tr><td></td><td></td></tr>
<tr><td>시술 개요</td><td colspan="2"></td></tr>
</table>

9 어쉬메틱&드라이펌

1) 준비물

가발, 홀더, 분무기, 1제 환원제(processing solution), 2제 산화제(neutralizer), 공병 2개, 페이퍼,(퍼머 종이), 비닐캡, 헤어밴드, 펌용장갑, 꼬리 빗, 고무밴드, 컬링 로드, 가운, 샴푸, 린스, 타월 4장 등을 준비한다.

완성작품

전면

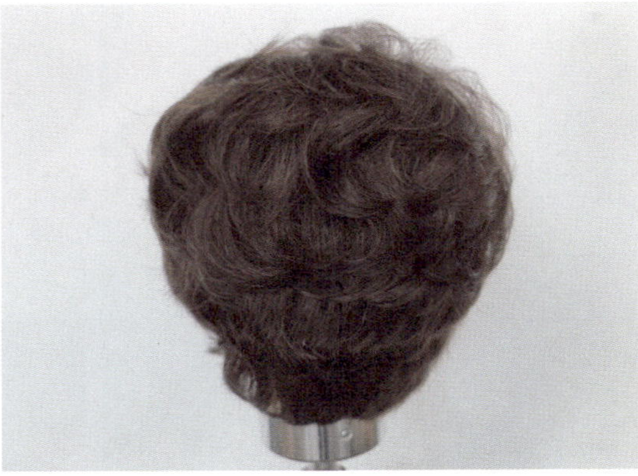
후면

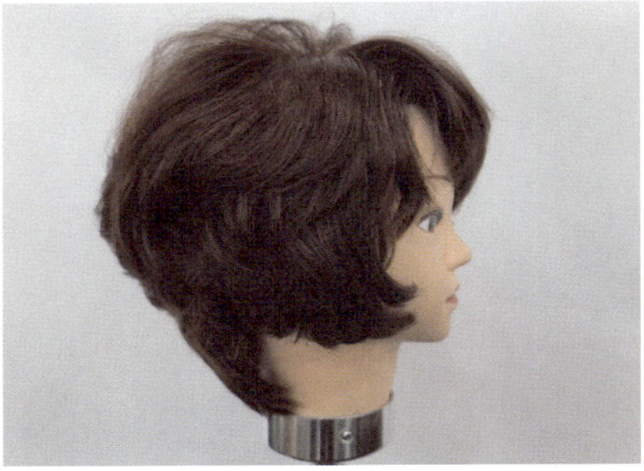
우측면

좌측면

2) 어쉬메틱&드라이펌 실기

1. 시술 전 모발진단과 이물질을 제거하기 위해 샴푸한다.

2. 모발 건강상태를 진단한다.

3. 모발 상태에 따라 펌제를 선택하여 도포한다.

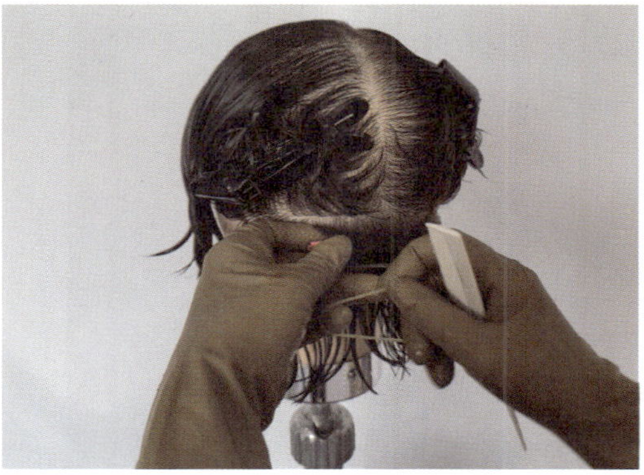

4. 백부분부터 두피에서 1cm를 띄워 스트랜드 약 45°로 잡고 5호 로드 크로키놀식 와인딩한다.

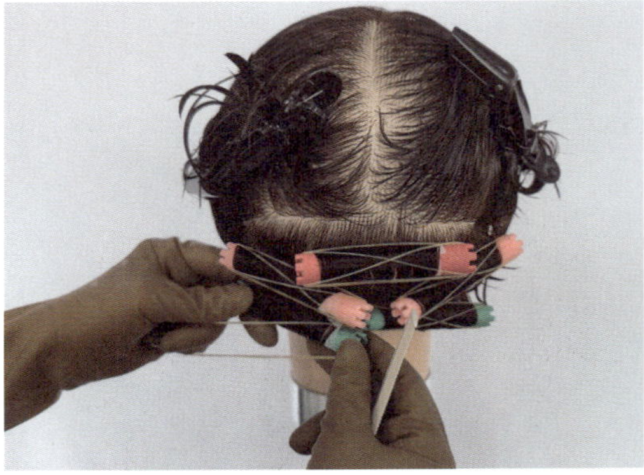

5. 네이프 포인트 부분은 벽돌패턴으로 7호 두 개, 5호 두 개를 크로키놀식 와인딩한다.

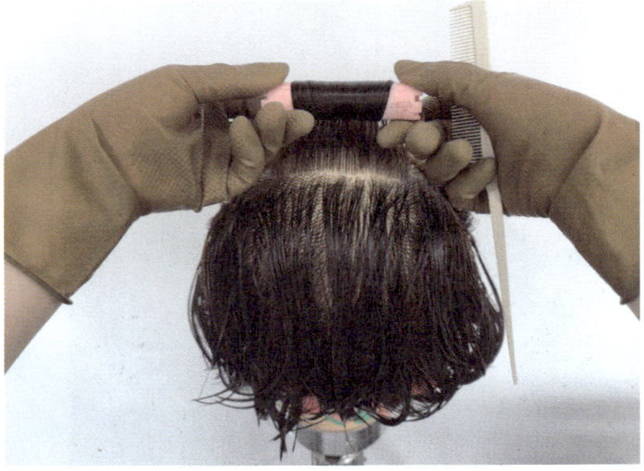

6. 골덴 포인트 부분은 스트랜드 90°로 1호 로드를 와인딩한다.

7. 골덴 백 포인트 부분은 스트랜드 90°로 1호 로드를 벽돌패턴으로 와인딩한다.

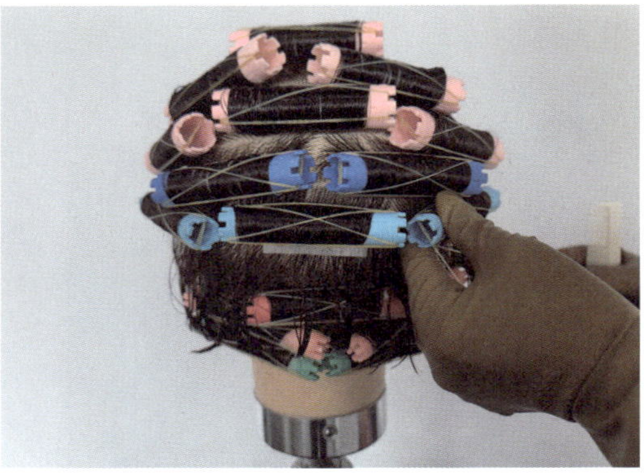

8. 골덴 백 포인트 스트랜드 90°로 2호, 3호 로드로 벽돌패턴 와인딩한다.

9. 백 포인트 부분은 로드와 로드를 연결하여 와인딩한다.

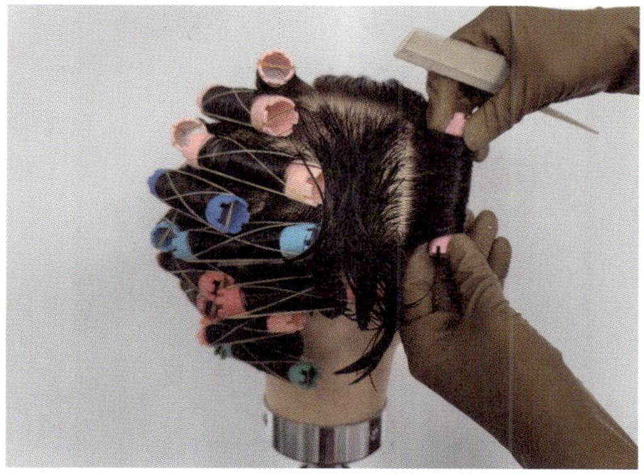

10. 오른쪽 사이드 페이스라인 수직 포워드 방향으로 와인딩한다.

11. 오른쪽 사이드 후대각 섹션닝을 한다.

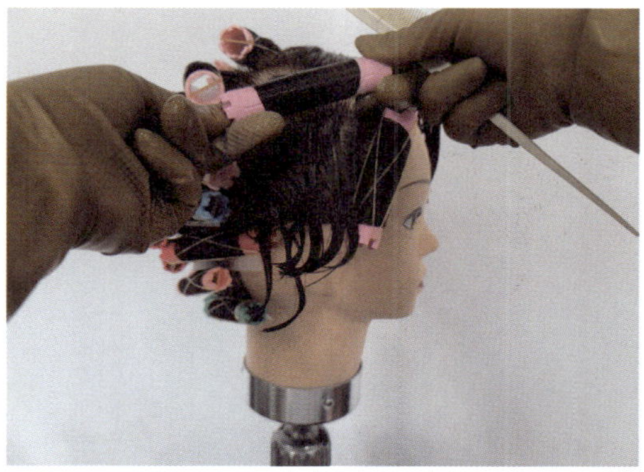

12. 적당히 텐션을 주어 와인딩한다.

13. 왼쪽 사이드 페이스라인 포워드 방향 수직 라인으로 2호 로드로 와인딩한다.

14. 왼쪽 사이드 좌대각 섹셔닝으로 슬라이스 하여 2호 로드로 와인딩한다.

15. 프런트 부분은 좌대각 섹셔닝으로 오른쪽으로 와인딩한다.

16. 프런트 부분 첫 단은 좌대각 섹셔닝으로 슬라이스하여 1호 로드로 하프 오브베이스로 와인딩한다.

17. 프런트 마지막 단은 스트랜드 오프베이스로 와인딩한다.

18. 펌제를 재도포하고 자연방치, 환원 과정을 갖는다.

19. 환원 타임 후 중화한다.

20. 중화 타임이 끝나면 미온수로 깨끗이 헹군 후 약산성 컨디셔너를 사용하여 pH 밸런스를 맞춰준다.

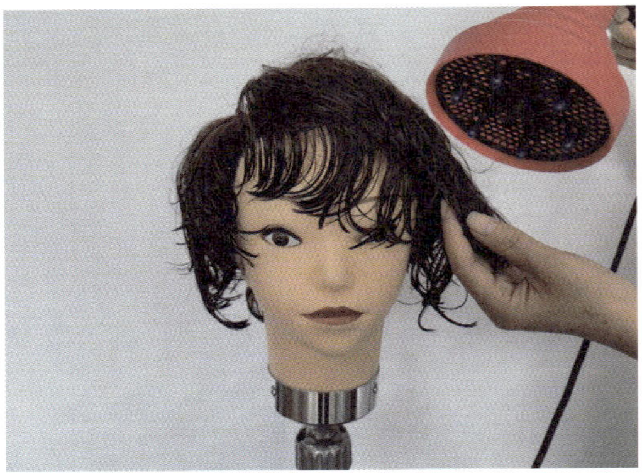

21. 타월 드라이 후 모발이 날리지 않도록 디퓨저를 장착하여 미온 풍으로 핸드드라이한다.

22. 로드 진행의 반대 방향(두피에 볼륨을 얻을 수 있다)으로 빗질을 하고 에센스 도포 후 마무리한다.

<table>
<tr><th colspan="6">실기평가</th></tr>
<tr><td>교과목명</td><td colspan="3"></td><td>담당교수</td><td>(인)</td></tr>
<tr><td>능력단위명
(능력단위코드)</td><td colspan="3"></td><td>평가자</td><td>(인)</td></tr>
<tr><td>능력단위요소</td><td colspan="3"></td><td>평가유형</td><td></td></tr>
<tr><td>평가일</td><td></td><td>평가시간</td><td></td><td rowspan="2">득점</td><td rowspan="2"></td></tr>
<tr><td>학습자</td><td></td><td>학번</td><td></td></tr>
<tr><td>평가문항
(수행내용)</td><td colspan="5"></td></tr>
<tr><td rowspan="6">과제물</td><td colspan="2">헤어펌 준비하기</td><td colspan="3">헤어펌하기 ①</td></tr>
<tr><td colspan="2"></td><td colspan="3"></td></tr>
<tr><td colspan="2">헤어펌하기 ②</td><td colspan="3">헤어펌하기 ③</td></tr>
<tr><td colspan="2"></td><td colspan="3"></td></tr>
<tr><td colspan="2">헤어펌하기 ④</td><td colspan="3">헤어펌하기 ⑤</td></tr>
<tr><td colspan="2"></td><td colspan="3"></td></tr>
</table>

<table>
<tr><th colspan="3">실기평가</th></tr>
<tr><td rowspan="4">와인딩 완성</td><td>앞면</td><td>뒷면</td></tr>
<tr><td></td><td></td></tr>
<tr><td>우측면</td><td>좌측면</td></tr>
<tr><td></td><td></td></tr>
<tr><td>시술 개요</td><td colspan="2"></td></tr>
</table>

10 스파이럴&트위스트펌

1) 준비물

가발, 홀더, 분무기, 1제 환원제(processing solution), 2제 산화제(neutralizer), 공병 2개, 페이퍼,(퍼머 종이), 비닐캡, 헤어밴드, 펌용장갑, 꼬리빗, 고무밴드, 컬링 로드, 가운, 샴푸, 린스, 타월 4장 등을 준비한다.

완성작품

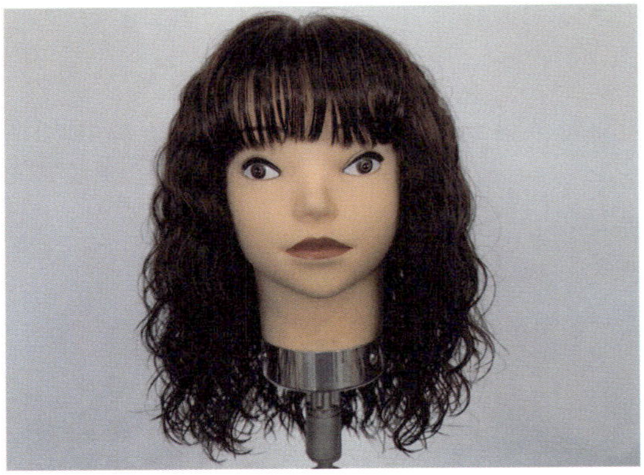

전면

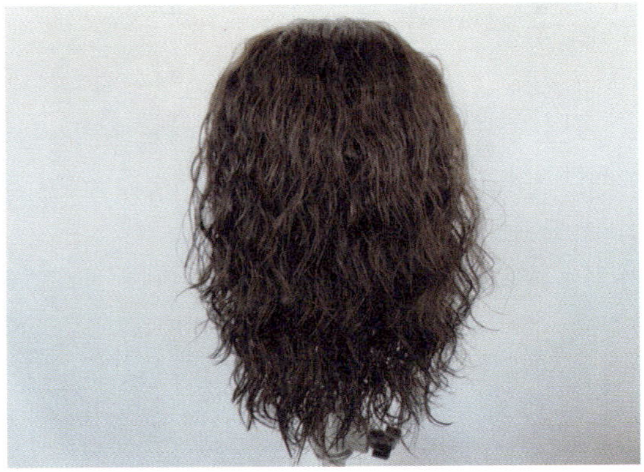

후면

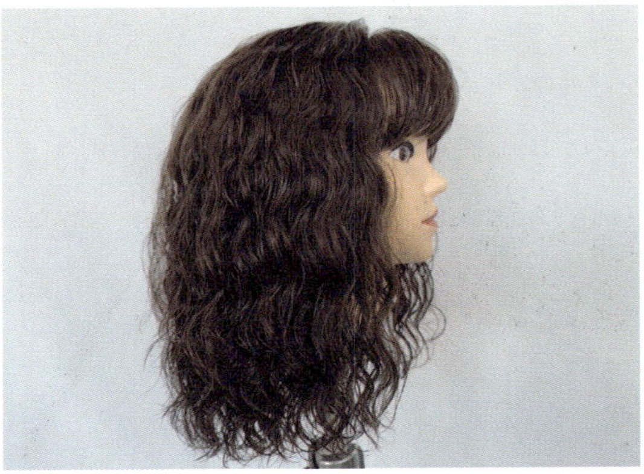

우측면

좌측면

2) 스파이럴 & 트위스트펌 실기

1. 시술 전 모발진단과 이물질을 제거하기 위해 샴푸한다.

2. 모발 건강상태를 진단한다.

3. 모발상태에 따라 펌제를 선택하여 도포한다.

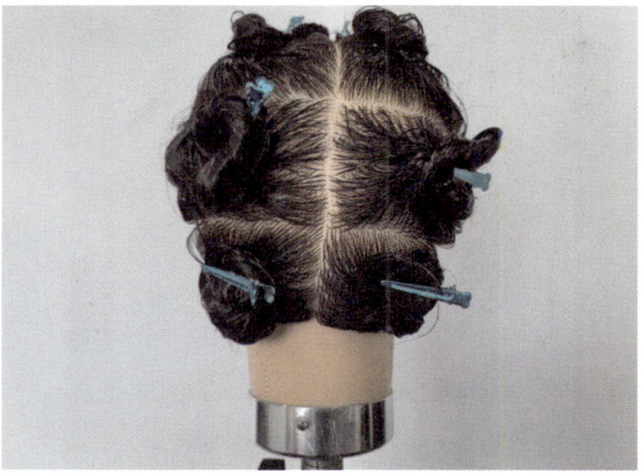

4. 디자인을 고려하여 블로킹한다.

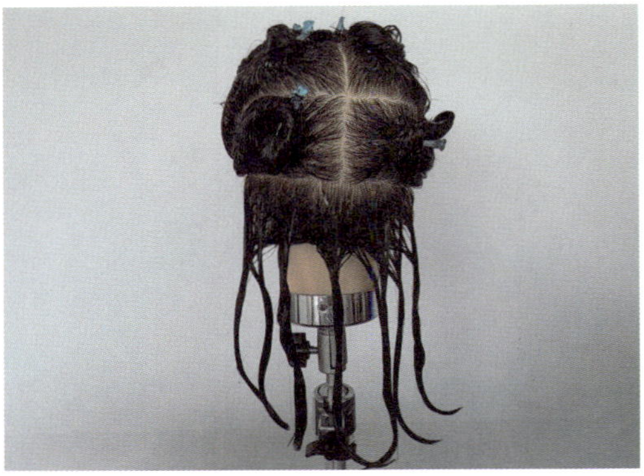

5. 엑스테리어 부분에 7개의 섹셔닝으로 나눈다.

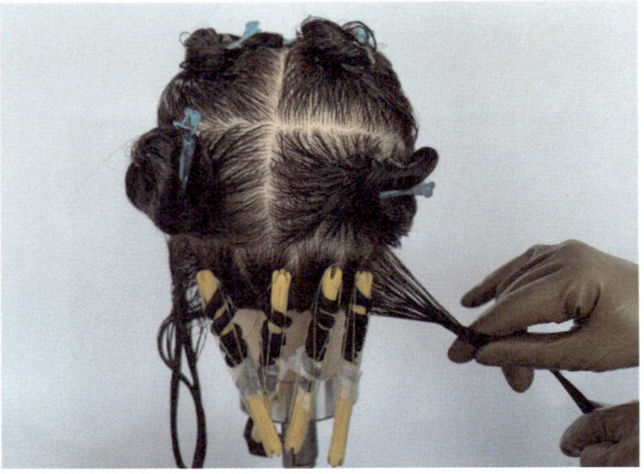

6. 우측 네이프 포인트에서 포워드 와인딩할 경우 리버스 방향으로 트위스트한다.

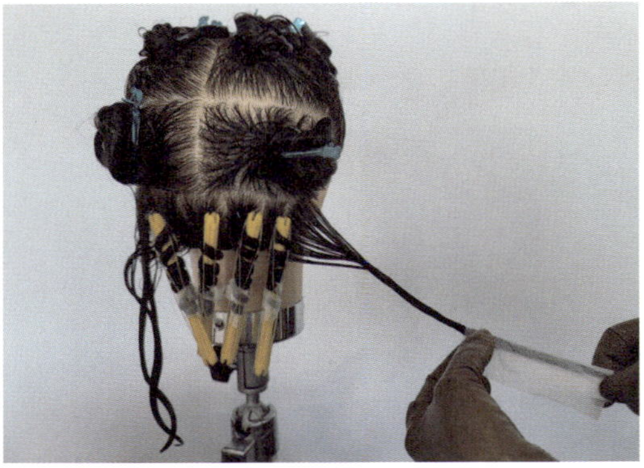

7. 페이퍼 한 장을 북 페이퍼 사용 방법으로 모발을 감싸준다.

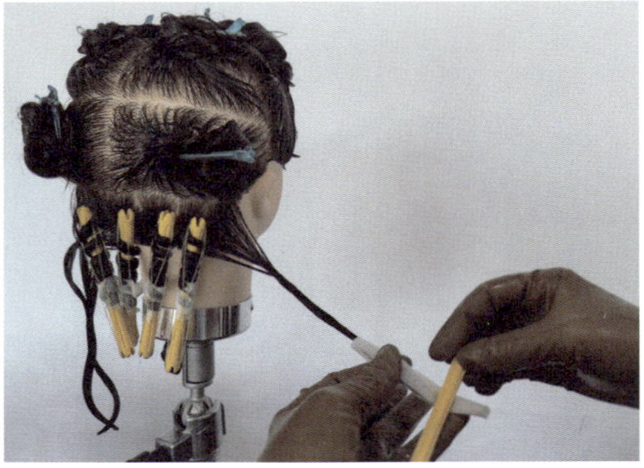

8. 바깥말음할 때와 같이 로드를 모선 위에 올려준다.

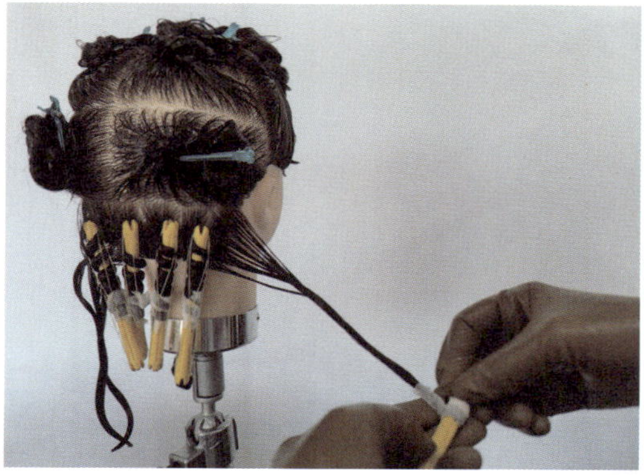

9. 모발을 잡은 양손에 텐션감을 주고 한 바퀴 정도 와인딩한다.

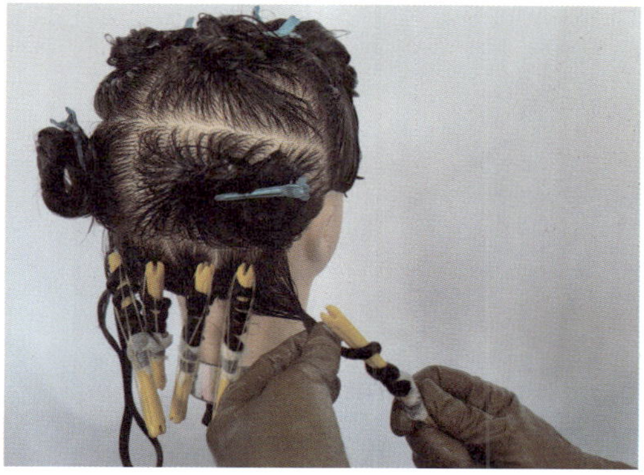

10. 로드를 잡은 오른손은 시계 반대방향으로 돌리면서 왼손은 모발이 나선형으로 와인딩될 수 있도록 가이드 역할을 한다.

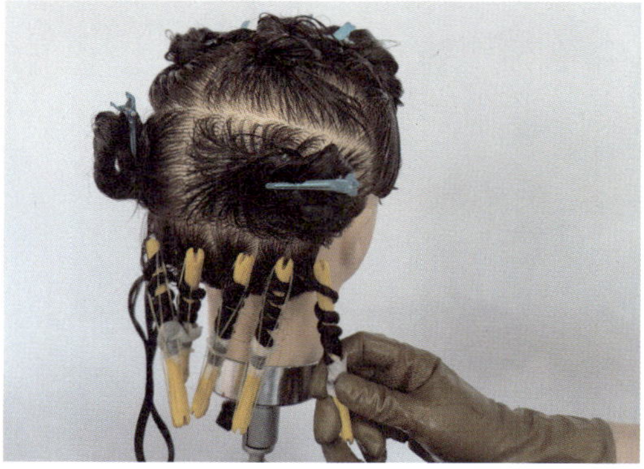

11. 균등하게 와인딩되면 고무밴딩 처리한다.

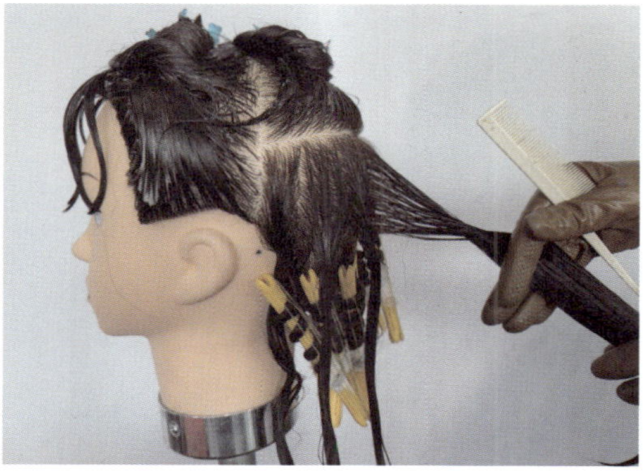

12. 좌측 포워드 방향으로 와인딩할 경우 우측으로 트위스트한다.

13. 페이퍼 한 장을 북 페이퍼 사용 방법으로 모발을 감싸준다.

14. 크로키놀식 와인딩 기법으로 한 바퀴 정도 와인딩 후 오른손으로 잡은 로드를 시계방향으로 돌려준다.

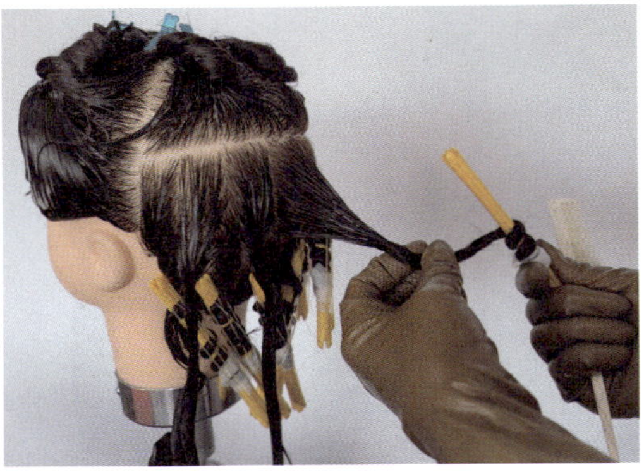

15. 왼손은 모발이 나선형으로 와인딩될 수 있도록 가이드 역할을 한다.

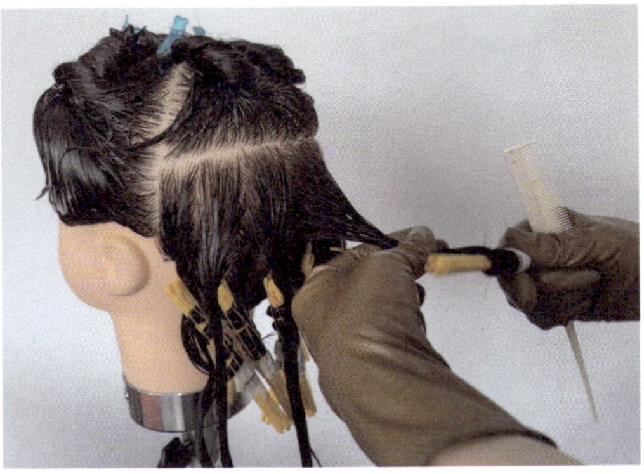

16. 텐션감도 왼손으로 컨트롤 한다.

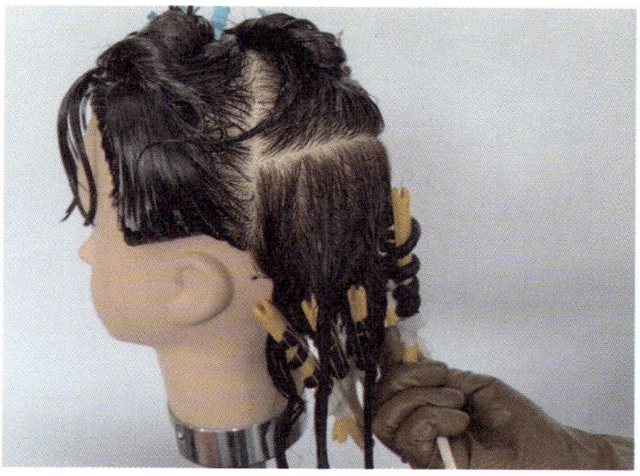

17. 와인딩된 로드 고정 위치가 정확한지 확인한다.

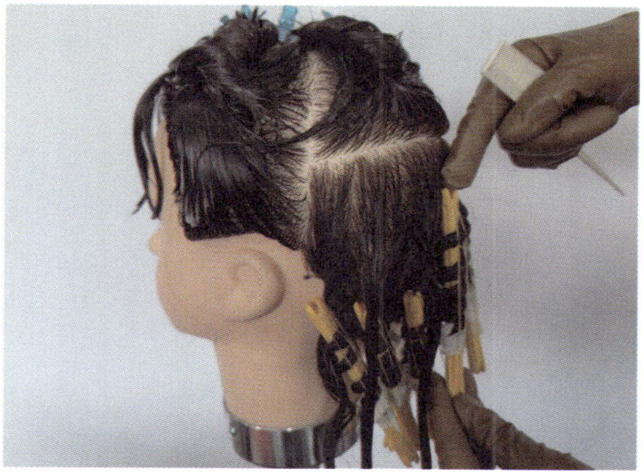

18. 균등하게 와인딩되면 고무밴딩 처리한다.

19. 골덴 포인트에서 백 포인트까지 피봇 섹셔닝 한다.

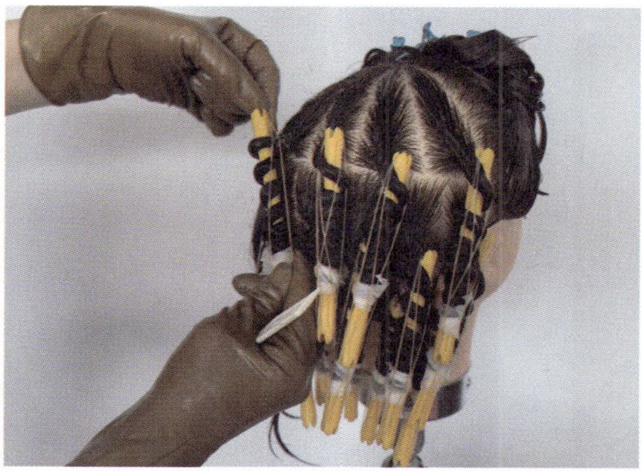

20. 동일한 방법으로 포워드 와인딩한다.

21. 스파이럴식 와인딩이 완성된 모습이다.

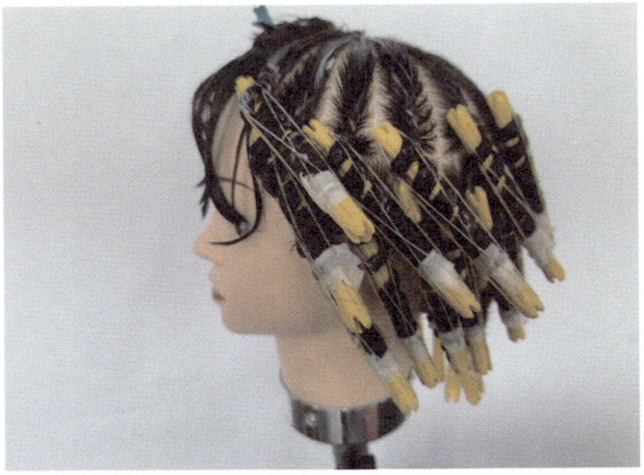

22. 스파이럴식 와인딩이 완성된 모습이다.

23. 프론트 포인트는 첫 단은 60° 정도 두 번째 단은 0° 정도 크로키놀식 와인딩한다.

24. 비닐캡을 씌우고 에어 롤을 사용하여 환원 과정을 촉진시킨다.

25. 환원 과정이 끝나면 중화제를 도포하여 자연 방치한다.

26. 중화 타임이 끝나면 노 텐션 로드 아웃한다.

27. 미온수로 깨끗이 헹군 후 약산성 컨디셔너를 사용하여 pH 밸런스를 맞춰준다.

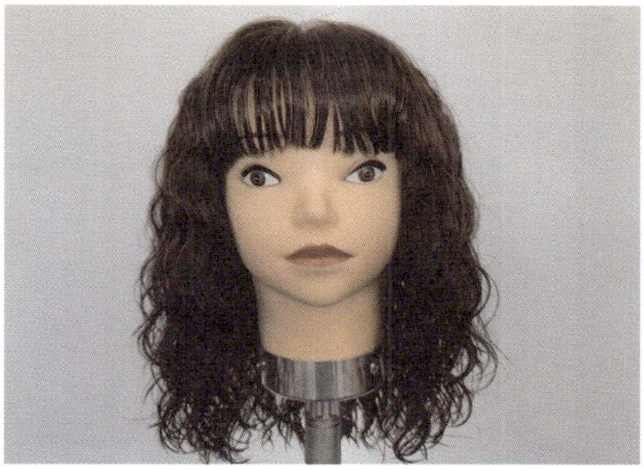

28. 에센스 도포 후 미 온풍 핸드드라이로 마무리 한다.

<table>
<tr><th colspan="6">실기평가</th></tr>
<tr><td>교과목명</td><td colspan="3"></td><td>담당교수</td><td>(인)</td></tr>
<tr><td>능력단위명
(능력단위코드)</td><td colspan="3"></td><td>평가자</td><td>(인)</td></tr>
<tr><td>능력단위요소</td><td colspan="3"></td><td>평가유형</td><td></td></tr>
<tr><td>평가일</td><td></td><td>평가시간</td><td></td><td rowspan="2">득점</td><td rowspan="2"></td></tr>
<tr><td>학습자</td><td></td><td>학번</td><td></td></tr>
<tr><td>평가문항
(수행내용)</td><td colspan="5"></td></tr>
<tr><td rowspan="6">과제물</td><td colspan="3">헤어펌 준비하기</td><td colspan="2">헤어펌하기 ①</td></tr>
<tr><td colspan="3"></td><td colspan="2"></td></tr>
<tr><td colspan="3">헤어펌하기 ②</td><td colspan="2">헤어펌하기 ③</td></tr>
<tr><td colspan="3"></td><td colspan="2"></td></tr>
<tr><td colspan="3">헤어펌하기 ④</td><td colspan="2">헤어펌하기 ⑤</td></tr>
<tr><td colspan="3"></td><td colspan="2"></td></tr>
</table>

<table>
<tr><th colspan="3">실기평가</th></tr>
<tr><td rowspan="4">와인딩 완성</td><td>앞면</td><td>뒷면</td></tr>
<tr><td></td><td></td></tr>
<tr><td>우측면</td><td>좌측면</td></tr>
<tr><td></td><td></td></tr>
<tr><td>시술 개요</td><td colspan="2"></td></tr>
</table>

11 수직 & 더블 와인딩펌

1) 준비물

가발, 홀더, 분무기, 1제 환원제(processing solution), 2제 산화제(neutralizer), 공병 2개, 페이퍼,(퍼머 종이), 비닐캡, 헤어밴드, 펌용장갑, 꼬리빗, 고무밴드, 컬링 로드, 가운, 샴푸, 린스, 타월 4장 등을 준비한다.

완성작품

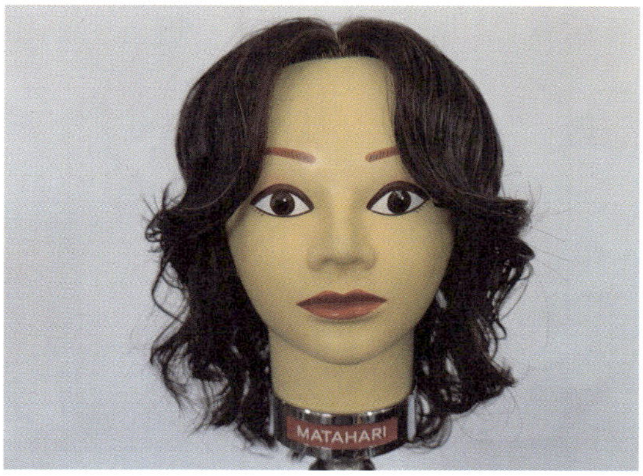

전면

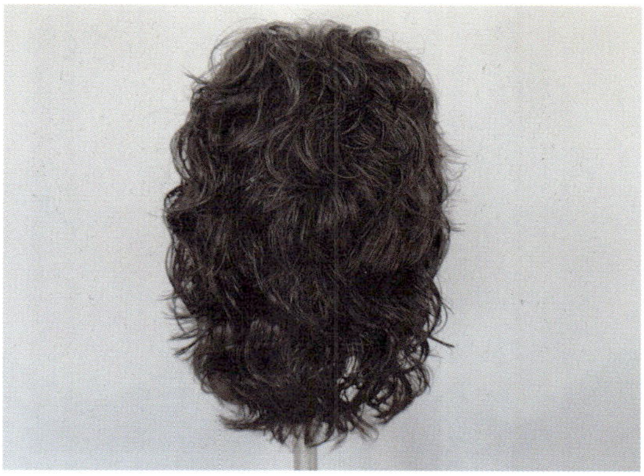

후면

우측면

좌측면

2) 수직 & 더블와인딩 펌 실기

1. 시술 전 모발진단과 이물질을 제거하기 위해 샴푸한다.

2. 모발 건강상태를 진단한다.

3. 모발 상태에 따라 펌제를 선정하여 1차 도포한다.

4. 디자인을 고려하여 톱에서 골덴, 골덴에서 백 사이드 포인트, 백 사이드 포인트에서 네이프까지 3등분 파팅을 나눈다.

5. 네이프 센터 세로 와인딩, 센터정중선은 우측이든. 좌측이든 한 방향 와인딩한다.

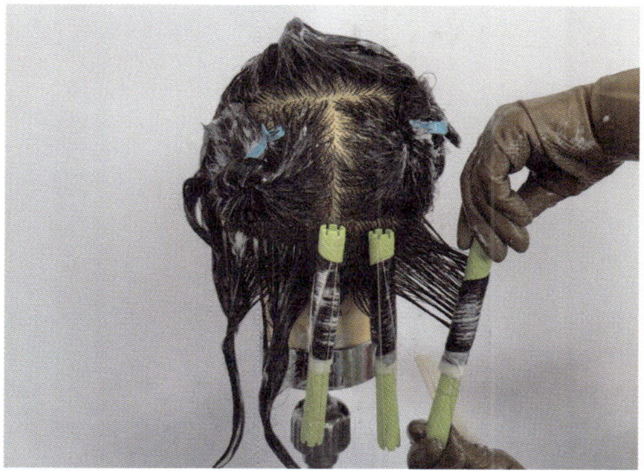

6. 우측 세로 섹션닝 리버스 방향으로 와인딩한다. (밴딩 X 로 하기)

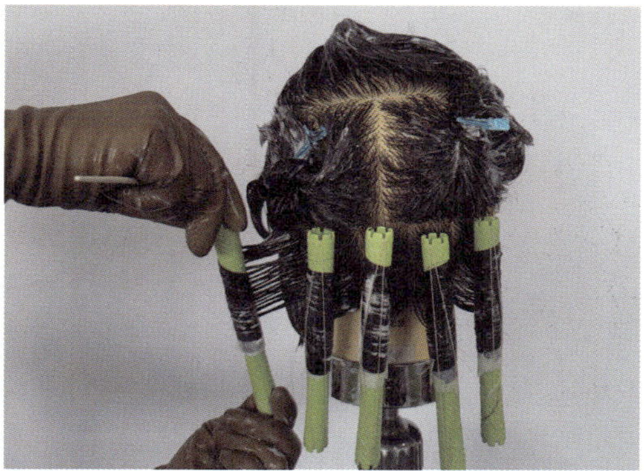

7. 좌측에서 리버스로 적당한 텐션을 유지하면서 와인딩한다.

8. 백 포인트 부분(클래스트), 골덴 포인트(인테리어) 1.2 : 1로 슬라이스를 6개로 나눈다.

9. 정중선부터 포워드로 와인딩한다.

10. 우측 세로 섹셔닝 리버스로 적당한 텐션을 유지하면서 와인딩한다.

11. 좌측 세로 섹셔닝 리버스로 적당한 텐션을 유지하면서 와인딩한다.

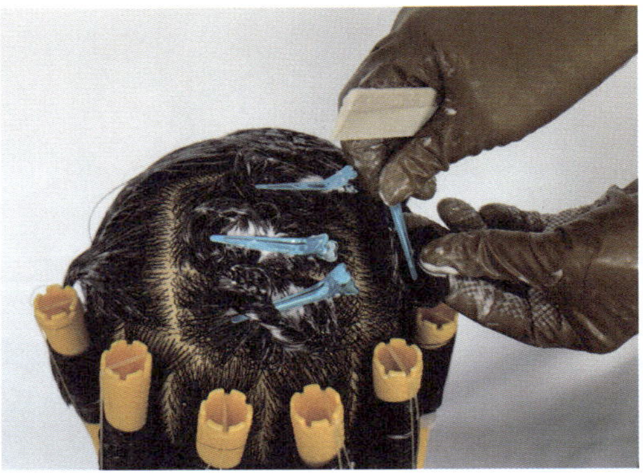

12. 톱 포인트에서 골덴 포인트까지 3등분 으로 나눈다.

13. 톱 포인트 첫 단 앞에 하나의 스트랜드를 남겨 두고 8호 로드로 크로키놀식 와인딩한다.

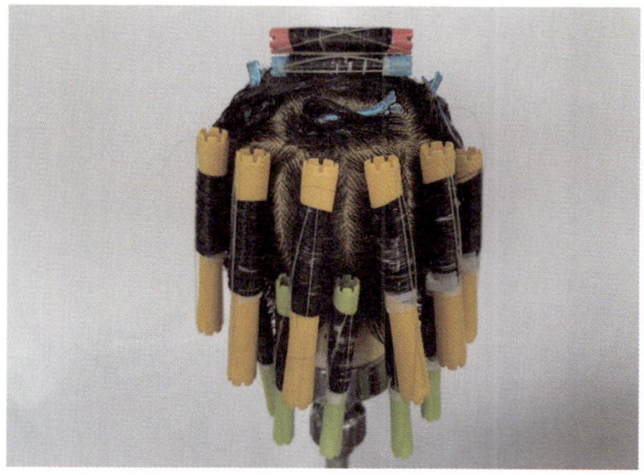

14. 5호 로드 1지경 베이스를 나눈 후 파팅을 1/3을 먼저 8호 로드로 베이스 내에 와인딩하고 남겨진 모발은 5호 로드를 사용하여 8호 로드 위에 얹혀지게 와인딩한다.

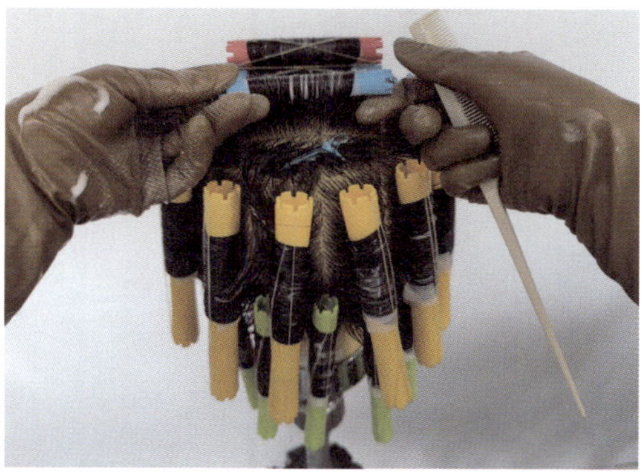

15. 14번과 같이 톱 포인트 8호와 5호 로드를 하나의 섹션닝 안에 2개 와인딩한다.

16. 골덴 포인트 마지막 단은 2호 로드 하나로 와인딩한다.

17. 좌측은 사선 슬라이스와 평행하게 2호 로드 하나를 와인딩한다.

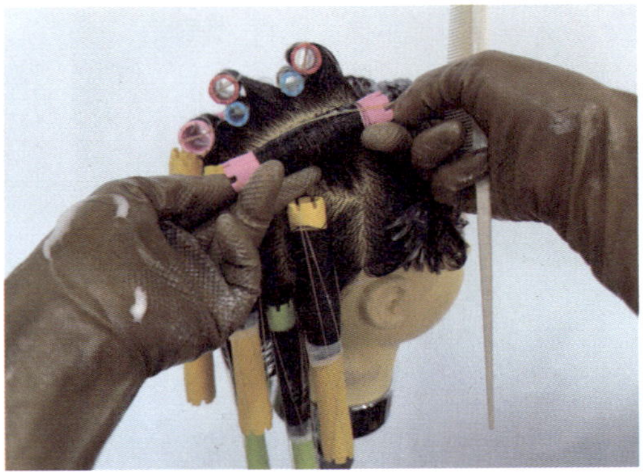

18. 우측도 사선 슬라이스와 평행하게 2호 로드 하나를 와인딩한다.

19. 좌측 사이드 세로 섹셔닝으로 리버스 와인딩한다.

20. 우측 사이드 세로 섹셔닝으로 리버스 와인딩한다.

21. 프론트는 사다리꼴 파팅한다.

22. 센터 1/2 피봇파팅하여 로드 1호로 와인딩한다.

23. 우측 센터포인트를 기준, 1호 로드 2개를 사다리꼴로 와인딩한다.

24. 좌측 센터포인트를 기준, 1호 로드 2개를 사다리꼴로 와인딩한다.

25. 와인딩이 완성되면 펌제 재도포 후 비닐캡을 씌운다.

26. 에어 롤을 사용하여 환원 과정을 촉진시킨다.

27. 환원 과정이 끝나면 중화제를 도포하여 자연 방치한다.

28. 중화 타임이 끝나면 텐션 없이 로드 아웃한다.

29. 미온수로 깨끗이 헹군 후 약산성 컨디셔너를 사용하여 pH 밸런스를 맞춰준다.

30. 타월 드라이 후 모발이 날리지 않도록 디퓨저를 장착하여 미온 풍으로 드라이한다.

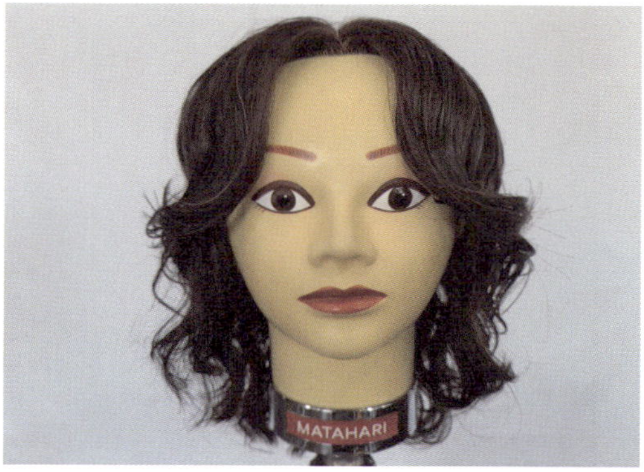

31. 스타일링 제품 사용 후 미 온풍 핸드드라이로 마무리한다.

<table>
<tr><th colspan="6">실기평가</th></tr>
<tr><td>교과목명</td><td colspan="3"></td><td>담당교수</td><td>(인)</td></tr>
<tr><td>능력단위명
(능력단위코드)</td><td colspan="3"></td><td>평가자</td><td>(인)</td></tr>
<tr><td>능력단위요소</td><td colspan="3"></td><td>평가유형</td><td></td></tr>
<tr><td>평가일</td><td></td><td>평가시간</td><td></td><td rowspan="2">득점</td><td rowspan="2"></td></tr>
<tr><td>학습자</td><td></td><td>학번</td><td></td></tr>
<tr><td>평가문항
(수행내용)</td><td colspan="5"></td></tr>
<tr><td rowspan="6">과제물</td><td colspan="2">헤어펌 준비하기</td><td colspan="3">헤어펌하기 ①</td></tr>
<tr><td colspan="2"></td><td colspan="3"></td></tr>
<tr><td colspan="2">헤어펌하기 ②</td><td colspan="3">헤어펌하기 ③</td></tr>
<tr><td colspan="2"></td><td colspan="3"></td></tr>
<tr><td colspan="2">헤어펌하기 ④</td><td colspan="3">헤어펌하기 ⑤</td></tr>
<tr><td colspan="2"></td><td colspan="3"></td></tr>
</table>

<table>
<tr><th colspan="3">실기평가</th></tr>
<tr><td rowspan="4">와인딩 완성</td><td>앞면</td><td>뒷면</td></tr>
<tr><td></td><td></td></tr>
<tr><td>우측면</td><td>좌측면</td></tr>
<tr><td></td><td></td></tr>
<tr><td>시술 개요</td><td colspan="2"></td></tr>
</table>

12 직사각형 패턴 & 리프트컬펌

1) 준비물

가발, 홀더, 분무기, 1제 환원제(processing solution), 2제 산화제(neutralizer), 공병 2개, 엔드페이퍼(퍼머 종이), 비닐캡, 헤어밴드, 펌용장갑, 핀컬 핀, 꼬리빗, 고무밴드, 컬링 로드, 가운, 샴푸, 린스, 타월 4장 등을 준비한다.

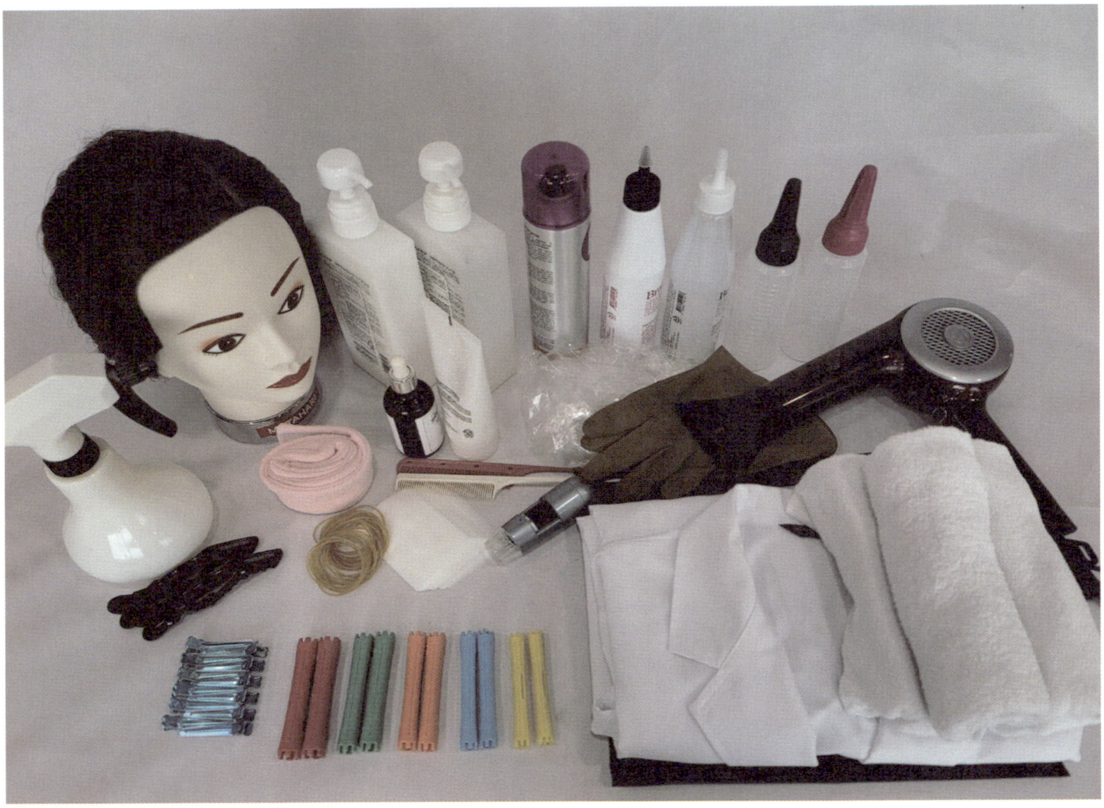

완성작품

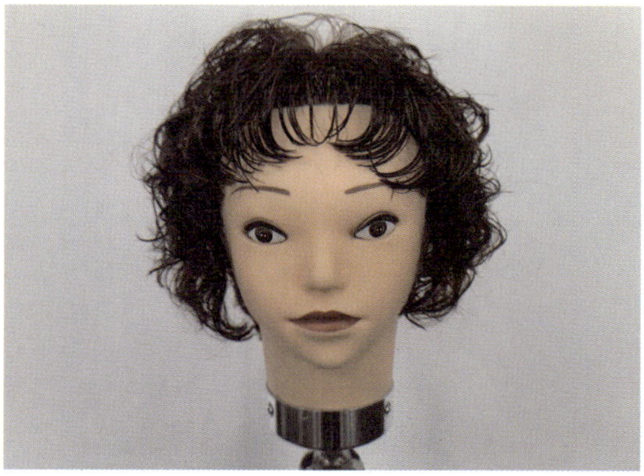

전면

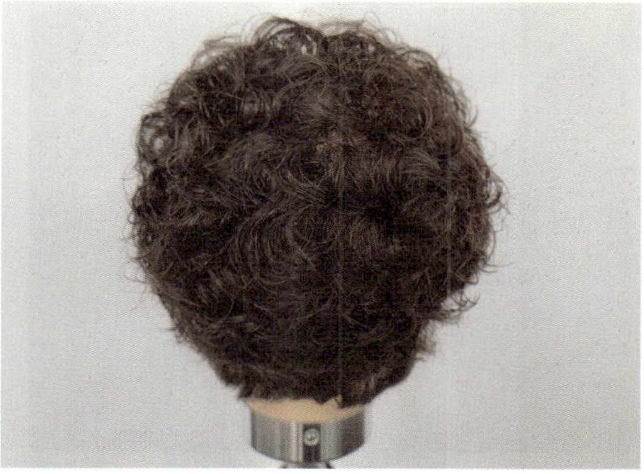

후면

우측면

좌측면

2) 직사각형 패턴 & 리프트컬펌 실기

1. 시술 전 모발진단과 이물질을 제거하기 위해 샴푸한다.

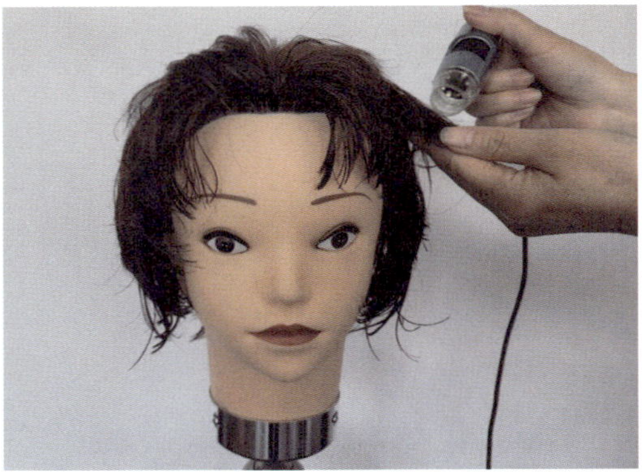

2. 모발 건강상태를 진단한다.

3. 모발 상태에 따라 펌제를 선택하여 도포한다.

4. 디자인을 고려하여 블로킹을 나누고 첫 단 약 90˚로 5호 로드 수평 와인딩한다.

5. 백 포인트 90° 유지하면서 수평 크로키놀식 와인딩한다.

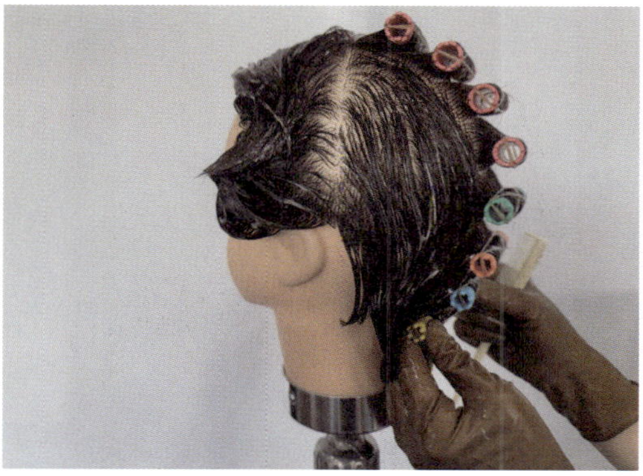

6. 네이프 포인트까지 적당한 텐션을 주어 6, 7, 8, 9호 로드로 와인딩한다.

7. 좌측 백 사이드 포인트는 후대각 섹셔닝으로 와인딩한다.

8. 좌측 네이프 사이드 코너까지 후대각 섹셔닝으로 5, 6, 7, 8, 9호 로드로 크로키놀식 와인딩한다.

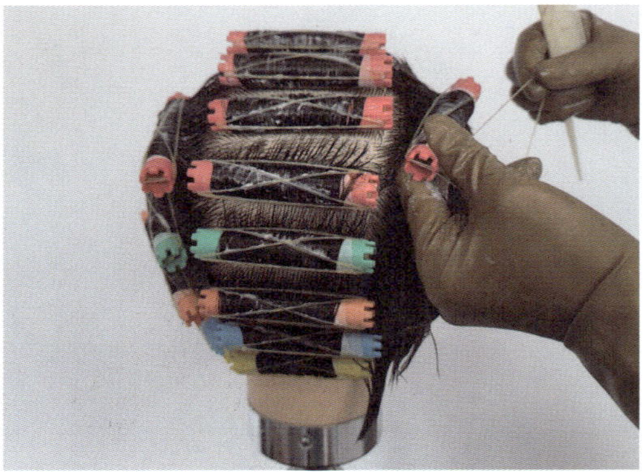

9. 우측 백 사이드 포인트 후대각 섹셔닝으로 와인딩한다.

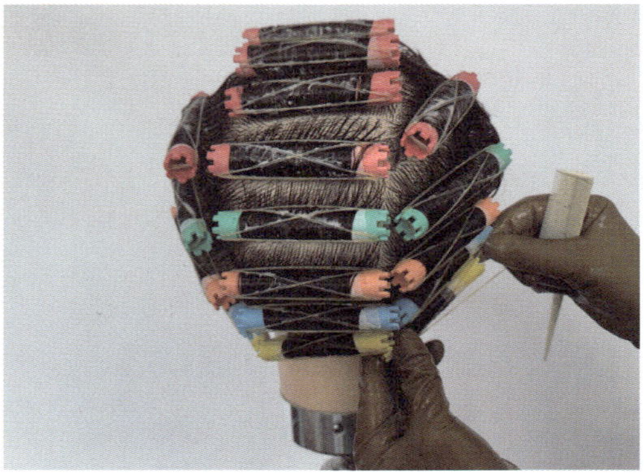

10. 우측 네이프 사이드 코너까지 우대각 섹셔닝으로 5, 6, 7, 8, 9호 로드로 크로키놀식 와인딩한다.

11. 우측 프론트 사이드 코너부터 전대각 패턴으로 와인딩한다.

12. 우측 프론트 사이드 전대각 패턴으로 5, 6, 7호 로드로 와인딩한다.

13. 좌측 프론트 사이드에서 전대각 패턴으로 크로키놀식 와인딩한다.

14. 좌측 프론트 사이드 전대각 패턴으로 5, 6, 7호 로드로 와인딩한다.

15. 프론트 포인트는 자연스러운 웨이브를 형성하기 위해 센터를 나눈 후 2단으로 블로킹을 나눈다.

16. 우측부터 톱 포인트에서 시작하여 핀컬45° 리프트컬로 진행한다.

17. 핀컬 45° 리프트컬 경사 C컬을 얻을 수 있도록 한다.

18. 우측 방향으로 경사가 생길 수 있도록 45° 리프트 컬 핀컬 핀으로 고정한다.

19. 18번과 같은 방법으로 진행한다.

20. 프론트 사이드 코너에서 사이드 웨이브와 연결 될 수 있는 페이스 라인의 방향에 경사가 생길 수 있도록 핀컬 핀으로 고정한다.

21. 전체 와인딩이 끝나면 환원제 재도포를한다.

22. 비닐캡을 씌운 후 에어 롤을 사용하여 환원 과정을 촉진시킨다.

23. 환원 타임이 끝나면 중화 처리한다.

24. 중화 타임이 끝나면 미온수로 깨끗이 헹군 후 약산성 컨디셔너를 사용하여 pH 밸런스를 맞춰준다.

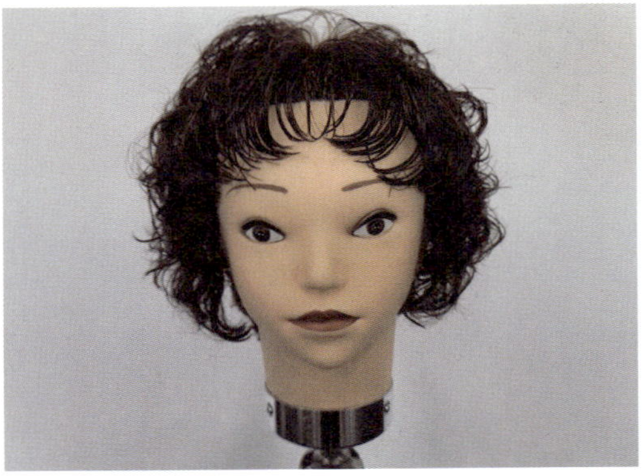

25. 드라이어로 수분조절 후 스타일링 진행한다.

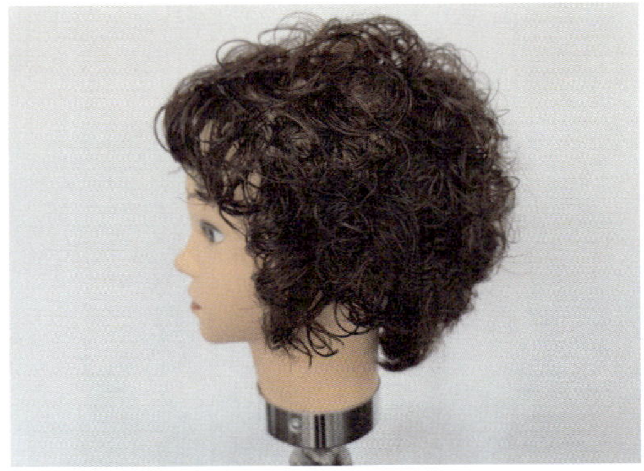

26. 핸드드라이 후 스타일링 제품을 사용하여 마무리한다.

<table>
<tr><th colspan="5">실기평가</th></tr>
<tr><td>교과목명</td><td colspan="2"></td><td>담당교수</td><td>(인)</td></tr>
<tr><td>능력단위명
(능력단위코드)</td><td colspan="2"></td><td>평가자</td><td>(인)</td></tr>
<tr><td>능력단위요소</td><td colspan="2"></td><td>평가유형</td><td></td></tr>
<tr><td>평가일</td><td></td><td>평가시간</td><td rowspan="2">득점</td><td rowspan="2"></td></tr>
<tr><td>학습자</td><td></td><td>학번</td></tr>
<tr><td>평가문항
(수행내용)</td><td colspan="4"></td></tr>
<tr><td rowspan="6">과제물</td><td colspan="2">헤어펌 준비하기</td><td colspan="2">헤어펌하기 ①</td></tr>
<tr><td colspan="2"></td><td colspan="2"></td></tr>
<tr><td colspan="2">헤어펌하기 ②</td><td colspan="2">헤어펌하기 ③</td></tr>
<tr><td colspan="2"></td><td colspan="2"></td></tr>
<tr><td colspan="2">헤어펌하기 ④</td><td colspan="2">헤어펌하기 ⑤</td></tr>
<tr><td colspan="2"></td><td colspan="2"></td></tr>
</table>

실기평가

<table>
<tr><td rowspan="4">와인딩 완성</td><td>앞면</td><td>뒷면</td></tr>
<tr><td></td><td></td></tr>
<tr><td>우측면</td><td>좌측면</td></tr>
<tr><td></td><td></td></tr>
<tr><td>시술 개요</td><td colspan="2"></td></tr>
</table>

13 확장패턴 & 오블롱펌

1) 준비물

가발, 홀더, 분무기, 1제 환원제(processing solution), 2제 산화제(neutralizer), 공병 2개, 페이퍼(퍼머 종이), 비닐캡, 헤어밴드, 펌용장갑, 꼬리 빗, 고무밴드, 컬링 로드, 가운, 샴푸, 린스, 타월 4장 등을 준비한다.

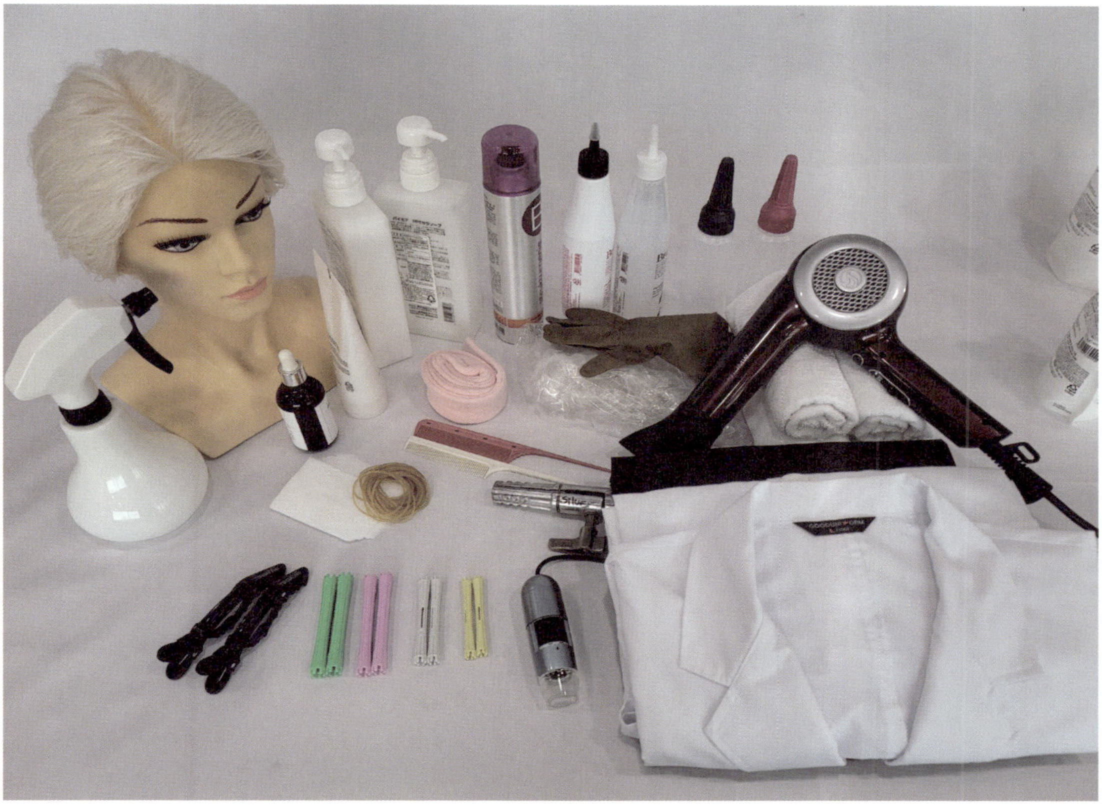

완성작품

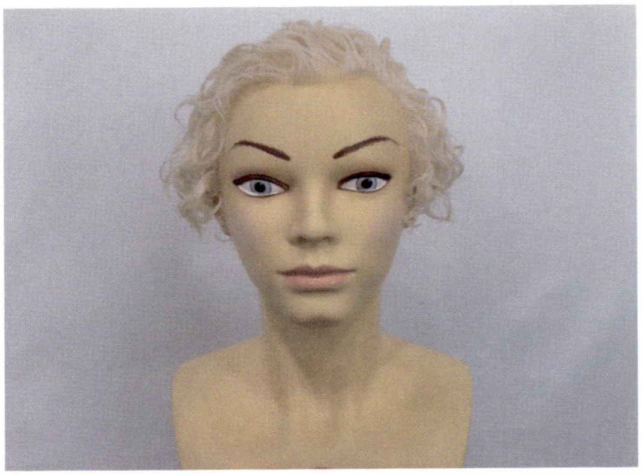

전면

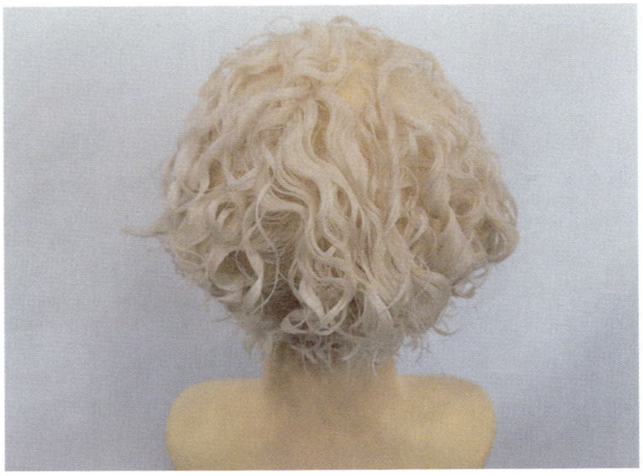

후면

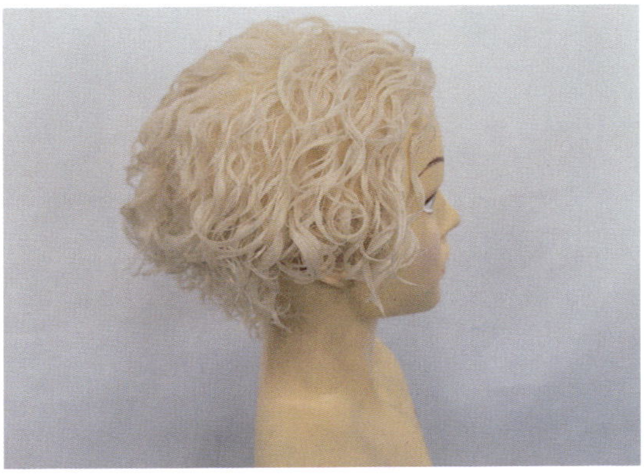

우측면

좌측면

2) 확장패턴 & 오블롱펌 실기

1. 시술 전 모발진단과 이물질을 제거하기 위해 샴푸한다.

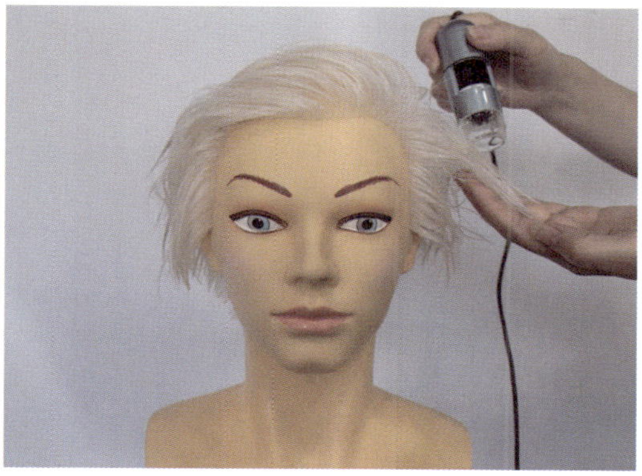

2. 모발 건강상태를 진단한다.

3. 모발 상태에 따라 펌제를 선정하여 1차 도포한다.

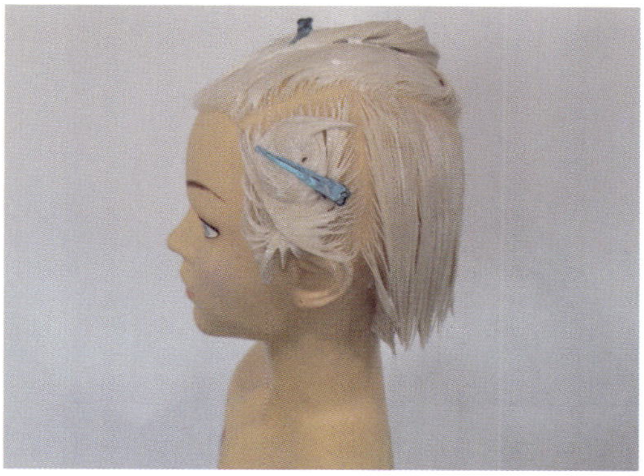

4. 디자인을 고려하여 블로킹 4등분을 나눈다.

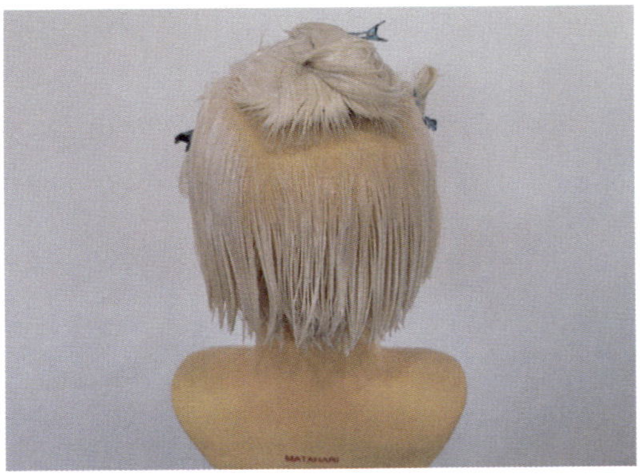

5. 디자인을 고려하며 프런트에서 골덴 포인트까지 나눈다.

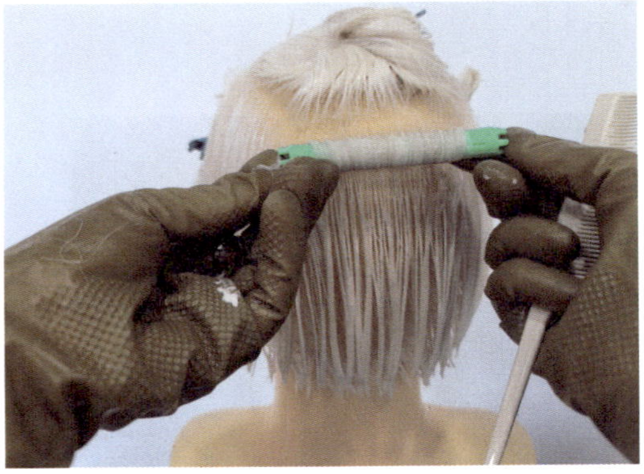

6. 골덴 포인트에서 약 45° 정도 수평 와인딩한다.

7. 골덴 포인트부터 약 45° 정도 수평 와인딩, 네이프까지 크로키놀식 와인딩한다.

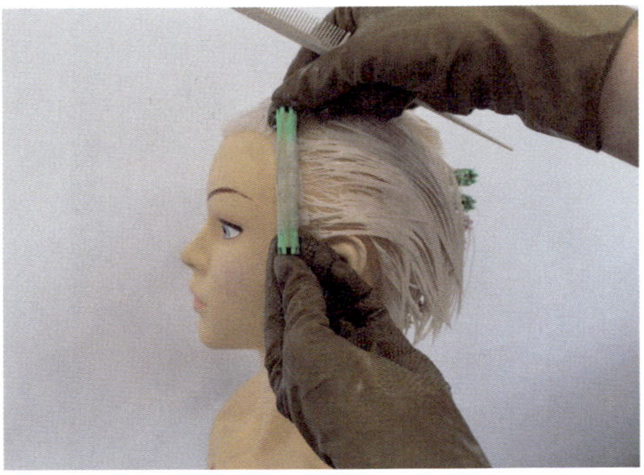

8. 좌측 사이드 포인트 코너부터 수직으로 리버스 와인딩한다.

9. 확장패턴으로 네이프 포인트까지 와인딩한다.

10. 우측 사이드 포인트 코너부터 수직으로 리버스 와인딩한다.

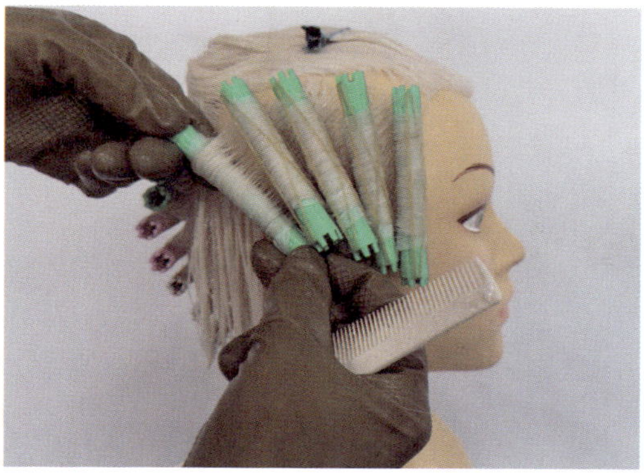

11. 이어 포인트에서 슬라이스를 1 : 1.5로 슬라이스 하여 크로키놀식으로 와인딩한다.

12. 확장패턴으로 네이프 포인트까지 와인딩한다.

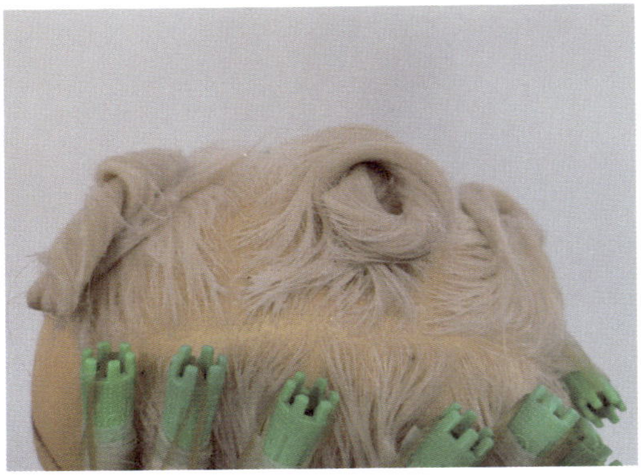

13. 톱 포인트에서 골덴 포인트까지 3단 블로킹으로 나눈다.

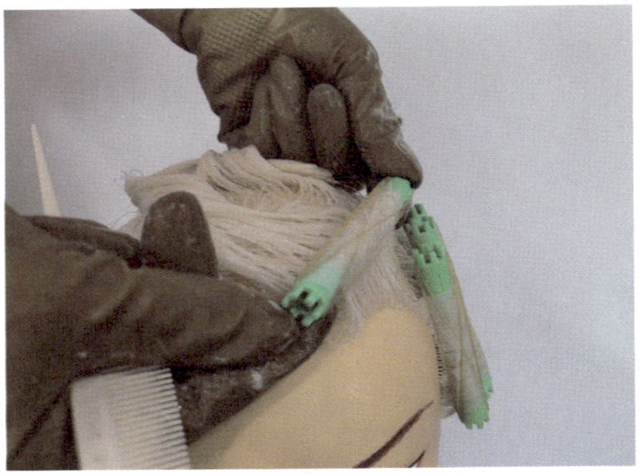

14. 장사 방형 모양으로 베이스 첫 단의 약 90° 오목 선에서 사선 섹셔닝으로 와인딩한다.

15. 블록선 양 끝에서 2단 오블롱 와인딩한다.

16. 각각 2단 연결 약 45°로 와인딩한다.

17. 각각 3단 삼각 섹셔닝을 연결하여 약 45°로 와인딩한다.

18. 블록선 양 끝에서 3단 오블롱 마지막 와인딩한다.

19. 우측 사이드 완성 상태

20. 정중선 완성 상태

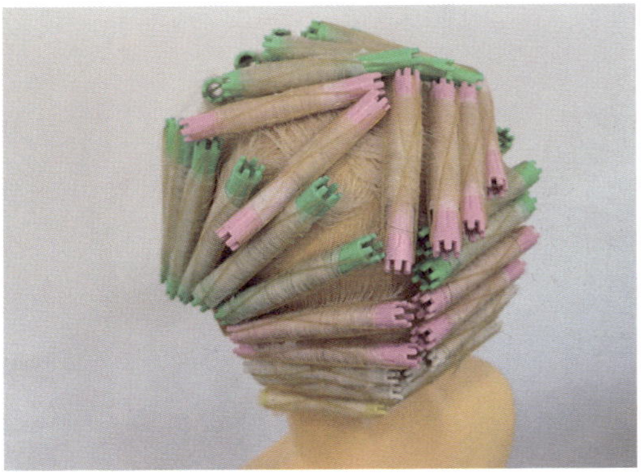

21. 톱 백 포인트에서 골덴 포인트 사이 오블롱 연결 완성 상태

22. 톱 백 포인트에서 골덴 포인트 사이 오블롱연결 완성 상태

23. 환원 타임이 끝나면 중화한다.

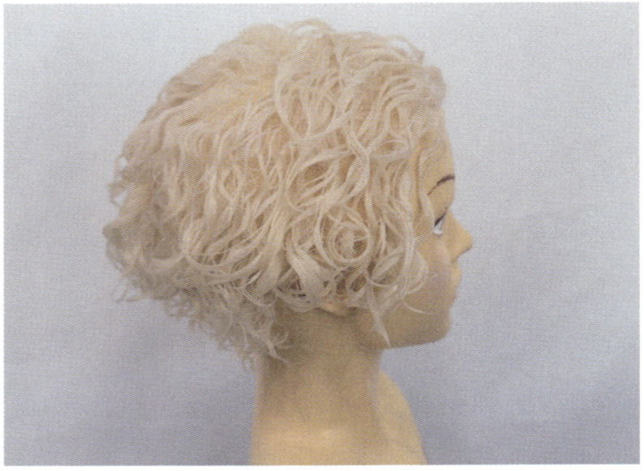

24. 중화 타임이 끝나면 미온수로 깨끗이 헹군 후 약산성 컨디셔너를 사용하여 pH 밸런스를 맞춰준다.

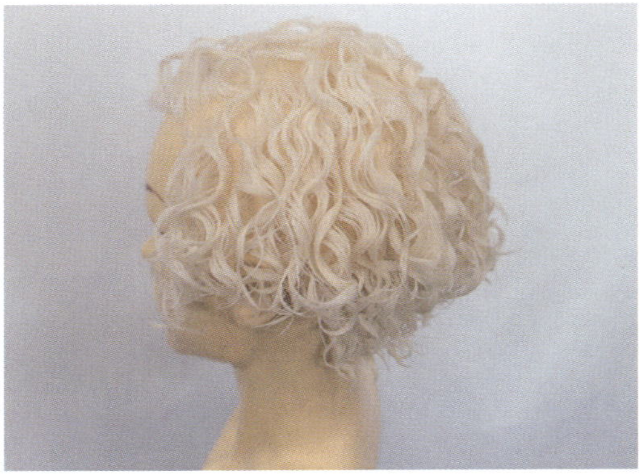

25. 핸드드라이 후 수분 20% 정도 남아 있을 때 스타일링 제품을 사용하여 마무리한다.

<table>
<tr><th colspan="6">실기평가</th></tr>
<tr><td>교과목명</td><td colspan="3"></td><td>담당교수</td><td>(인)</td></tr>
<tr><td>능력단위명
(능력단위코드)</td><td colspan="3"></td><td>평가자</td><td>(인)</td></tr>
<tr><td>능력단위요소</td><td colspan="3"></td><td>평가유형</td><td></td></tr>
<tr><td>평가일</td><td></td><td>평가시간</td><td></td><td rowspan="2">득점</td><td rowspan="2"></td></tr>
<tr><td>학습자</td><td></td><td>학번</td><td></td></tr>
<tr><td>평가문항
(수행내용)</td><td colspan="5"></td></tr>
<tr><td rowspan="6">과제물</td><td colspan="2">헤어펌 준비하기</td><td colspan="3">헤어펌하기 ①</td></tr>
<tr><td colspan="2"></td><td colspan="3"></td></tr>
<tr><td colspan="2">헤어펌하기 ②</td><td colspan="3">헤어펌하기 ③</td></tr>
<tr><td colspan="2"></td><td colspan="3"></td></tr>
<tr><td colspan="2">헤어펌하기 ④</td><td colspan="3">헤어펌하기 ⑤</td></tr>
<tr><td colspan="2"></td><td colspan="3"></td></tr>
</table>

실기평가

<table>
<tr><td rowspan="4">와인딩 완성</td><td>앞면</td><td>뒷면</td></tr>
<tr><td></td><td></td></tr>
<tr><td>우측면</td><td>좌측면</td></tr>
<tr><td></td><td></td></tr>
<tr><td>시술 개요</td><td colspan="2"></td></tr>
</table>